5G 丛书

5G 大规模 MIMO 理论、算法与关键技术

李兴旺　张　辉　王小旗　王俊峰　著

机械工业出版社

本书从理论研究、标准化、产业化等角度出发，详细介绍大规模 MIMO 在实际衰落场景应用中存在的问题。主要围绕 K 复合衰落信道分布式大规模二维 MIMO 信道容量界、广义 K 复合衰落信道分布式大规模二维 MIMO 接收检测近似性能、莱斯/伽马复合衰落信道小小区协作二维 MIMO 接收检测技术及性能、瑞利/对数正态三维 MIMO 接收检测技术及性能、K 复合衰落信道三维多用户 MIMO 系统接收检测及性能、多小区非协作大规模三维 MIMO 预编码技术及性能、多小区协作大规模三维 MIMO 接收技术及性能，为大规模 MIMO 标准化和产业化提供理论指导。

本书既可作为高等学校高年级本科生、研究生的前沿技术课程教材，也可以作为移动通信技术研究人员的参考用书。

图书在版编目（CIP）数据

5G 大规模 MIMO：理论、算法与关键技术/李兴旺等著. —北京：机械工业出版社，2017. 8
（5G 丛书）
ISBN 978-7-111-58020-1

Ⅰ. ①5…　Ⅱ. ①李…　Ⅲ. ①无线电通信 – 移动通信 – 通信技术　Ⅳ. ①TN929. 5

中国版本图书馆 CIP 数据核字（2017）第 227981 号

机械工业出版社（北京市百万庄大街 22 号　邮政编码 100037）
策划编辑：李馨馨　责任编辑：李馨馨
责任校对：潘　蕊　责任印制：张　博
三河市国英印务有限公司印刷
2018 年 1 月第 1 版第 1 次印刷
184mm × 260mm · 10. 25 印张 · 198 千字
0001 – 3000 册
标准书号：ISBN 978-7-111-58020-1
定价：55. 00 元

凡购本书，如有缺页、倒页、脱页，由本社发行部调换

电话服务
服务咨询热线：010-88361066
读者购书热线：010-68326294
010-88379203

网络服务
机 工 官 网：www. cmpbook. com
机 工 官 博：weibo. com/cmp1952
金 书 网：www. golden-book. com
教育服务网：www. cmpedu. com

前言

大规模 MIMO 被认为是第五代移动通信系统中最核心的技术之一。本书以第五代移动通信为背景，详细介绍大规模 MIMO 相关理论、算法及关键技术。

本书从大规模 MIMO 基本概念讲起，由浅入深，逐步介绍大规模性能指标（信噪比、误符号率、中断概率）、大规模 MIMO 信道模型、大规模 MIMO 传输技术（预编码技术、检测技术）。主要围绕 K 复合衰落信道分布式大规模二维 MIMO 信道容量界、广义 K 复合衰落信道分布式大规模二维 MIMO 接收检测近似性能、莱斯/伽马复合衰落信道小小区协作二维 MIMO 接收检测技术及性能、瑞利/对数正态三维 MIMO 接收检测技术及性能、K 复合衰落信道三维多用户 MIMO 系统接收检测及性能、多小区非协作大规模三维 MIMO 预编码技术及性能、多小区协作大规模三维 MIMO 接收技术及性能。为大规模 MIMO 标准化和产业化提供理论指导。

本书由河南理工大学相关专业老师编写而成，其中第 1、4、7 章由李兴旺老师撰写，第 2、5 章由张辉老师撰写，第 3、9 章由王小旗老师撰写，第 6、8 章由王俊峰老师撰写，全书由李兴旺老师统稿。

本书在撰写过程中，得到了河南理工大学物理与电子信息学院的大力支持，在此表示衷心的感谢。由于本书涉及无线通信前沿技术以及多个学科领域，加之作者水平有限，因此书中难免有不足指出，敬请各位专家、学者、同行批评指正。

李兴旺

2017 年 5 月

目录

第 1 章

引 言

1.1 研究背景

随着第三代移动通信（the Third Generation Mobile Communication，3G）网络以及第四代移动通信（the Forth Generation Mobile Communication，4G）网络在全球范围内的大规模部署，移动通信数据业务急剧增长，移动通信网络能源消耗也随之剧增，移动设备能源消耗造成的环境污染日益严重。未来第五代移动通信系统（the Fifth Generation Mobile Communication，5G）将主要面临以下三个方面的挑战。

首先，随着无线通信的发展，移动智能终端和多媒体设备的普及，无线通信数据业务以及能源消耗呈现爆炸式增长。2015 年 3 月思科公司在《Cisco Visual Networking Index：Global Mobile Data Traffic Forecast Update，2014-2019》白皮书中指出，2014 年底全球移动通信设备连接数量超过全球人口数量达到 74 亿部，这一数字比 2013 年增加了 4.97 亿部，其中，智能手机增长最快，年复合增长率为 88%，到 2019 年底，这一数字将达到 115 亿（包括机器通信设备），如图 1-1 所示。海量移动设备的增长造成了移动通信数据量爆炸式增长，思科公司报告指出，2014 年全球移动通信数据流量达到 30EB，比 2013 年增加 12EB，2014 年至 2019 年，全球移动通信数据流量年组合增长率预计为 57%，达 291.6EB[1]。此外，思科 2016 年发布的白皮书指出，与 2015 年相比，2020 年移动数据业务量将由 3.7EB/月增长到 30.6EB/月，年复合增长率为 53%，如图 1-2 所示。未来无线通信要满足容量迅速增长的需求，提升无线通信系统容量将是未来移动通信面临的重要挑战。

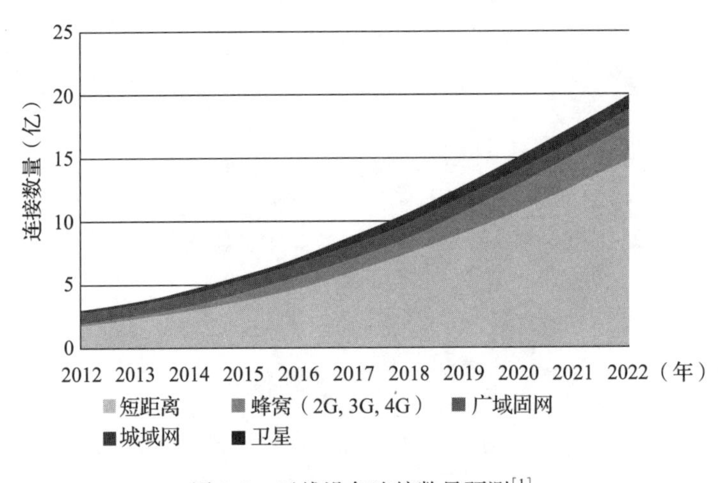

图 1-1　无线设备连接数量预测[1]

其次，海量无线网络设备造成的能源消耗对全球气候产生巨大的影响，逐渐成为各国政府和运营商亟待解决的问题。2012 年 12 月，GeSI SMARTer 2020 在报告《GeSI SMARTer 2020：The Role of ICT in Driving a Sustainable Futter》中指出，从 2002 年至 2020 年，全球信息通信产业温室气体（二氧化碳）排放量由5.3亿吨增加至14.3亿吨，占全球温室气体排放量的比重由1.3%增加至4%。在全球信息通信产业能源消耗中，无线通信网络能源消耗所占比重逐渐增大。2002年，无线通信的温室气体排放为0.64亿吨，虽然其仅仅占信息通信产业温室气体总排放量的12%，但是却是排放量增长率最快的一项，预计到2012年这一数字将增加一倍。来自MVCE（Mobile Virtual Centre of Excellence）的研究报告指出，基站和其他网络设备能源消耗分别占到整个无线通信能源消耗的57%和28%。巨大的能源消耗不仅增加了网络的运营成本，也给环境造成严重的污染。因此，为了节约网络运营成本，减小温室气体排放，保证社会可持续发展战略的实施，绿色通信被提上日程，绿色通信致力于研究高能量效率的无线通信关键理论及技术。为了推动高能量效率绿色通信技术的发展，学术界和产业界相继设立了OPERA-Net/OPERA-Net2（Optimising Power Efficiency in Mobile Radio Networks）、Green Radio、EARTH（Energy Aware Radio and Network Technologies）、GreenTouch、TREND（Towards Real Energy-Efficient Network Design）、C2POWER（Cognitive Radio and Cooperative Strategies for Power saving in multi-standard wireless devices）、eWin等国际合作项目或组织，共同致力于绿色通信的关键理论与技术研究。因此，满足海量设备造成的能源消耗需求，提高无线通信系统的能量效率将是未来移动通信需要面临的又一挑战。

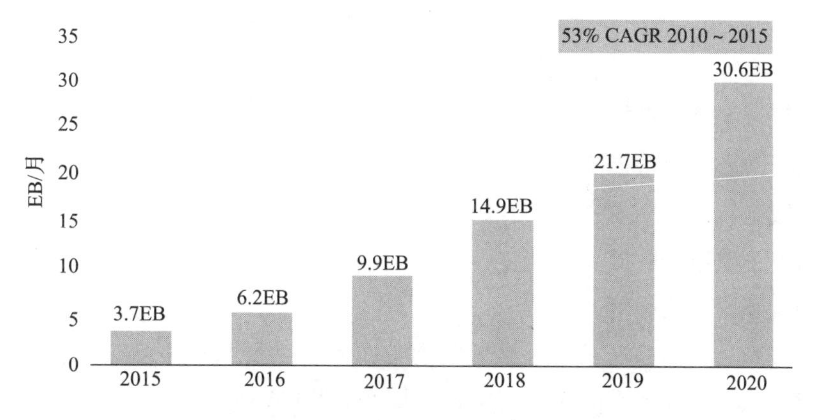

图1-2　信息通信领域移动数据业务量预测（单位：EB/月）[1]

最后，随着2G、3G、4G移动通信网络的同时运行，无线通信的频谱资源（几百兆赫兹至几吉赫兹频谱）短缺的问题日益突出，在传统频带内几乎没有新的频段用于未来无线通信的服务，而传统室外移动通信使用高频段仍有许多亟待解决的问题，包括视距通信（Line of Sight，LoS）、高路径损耗、低射频效率。鉴于此，美国联邦通信委员会（Federal Communications Commission，FCC）在2010年的《Connecting America：The National Broadband Plan》报告中指出，美国频谱赤字在未来5年将达300MHz，未来10年将达500MHz。由此可见，要满足未来无线通信的频谱需求，提高无线通信频谱效率以及寻找新的频谱资源是未来无线通信面临的重要挑战。

为了应对上述挑战，推进无线通信技术不断向前发展，鉴于4G网络在全球大规模商用部署的同时，5G相关理论及技术的研究在国内外受到广泛的关注。2013年，欧盟（European Union，EU）在第7框架计划（7th Framework Programme，FP7）启动了面向5G移动通信演进的METIS（Mobile and Wireless Communication Enablers for the 2020 Information Society）和5G NOW（5th Generation Non-Orthogonal Waveform for Asynchronous Signalling）项目，重点研究未来5G移动通信关键理论与技术。2014年2月，国际电信联盟（International Telecommunication Union，ITU）成立了IMT-2020推进组，该组织讨论5G相关技术，推进5G的标准化进程。2013年2月，由中国工业和信息化部、国家发展和改革委员会、科学技术部联合推动成立中国IMT-2020（5G）推进组，5G推进组集合我国高校、科研院所以及企业精干力量共同致力于我国5G移动通信技术的研究与标准化进程。同年底，我国启动了国家高技术研究发展计划（国家863计划）“第五代移动通信（5G）系统前期研究开发（一期）”项目，项目面向2020年移动通信应用的需求，从网络系统架构、无线传输技术、无线组网技术，系统评估与测试验证四个方面出发研究面向5G技术。2014年2月20日，又启动了国家863计划“第五代移动通信（5G）研究开发前期研究（二期）”项目，二期在一期基础上，重点关注灵活可配置实验平台、毫米波、无线网络虚拟化、接入安全以及新型编码调制五个方面。上述计划与项目预测，与当前4G移动通信系统相比，未来5G移动通信系统将满足以下系统需求[1]。

1）单位区域系统容量提高1000倍。

2）无线设备连接数量提高10~100倍。

3）用户数据传输速率提高10~100倍。

4）通信设备电池寿命提高10倍。

5）端到端延迟降低5倍。

为了满足5G移动通信需求，未来无线通信技术将主要从空中接口、频谱资源和网络设备三个方面来满足1000倍容量以及其他需求，如图1-3所示。

由图1-3和文献［2］可知，近20年，5G无线通信需求主要通过空中接口和频谱资源获得，分别提供20倍左右和25倍左右容量提升需求，再后来的20年，系统容量的提升将分别通过网络设备和频谱资源获得，分别提供20~50倍和5~10倍容量提升。

空中接口技术包括大规模多输入多输出（massive Multiple-Input Multiple-Output，massive MIMO）技术[3,4]、三维多输入多输出（Three Dimensional MIMO，3D MIMO）[5]技术、多点协作（Coordinated Multipoint，CoMP）技术、高阶调制编码（High-Order Modulation Code，HOMC）技术、非正交多址接入（Non-Orthogonal Multiple Access，NOMA）技术等。

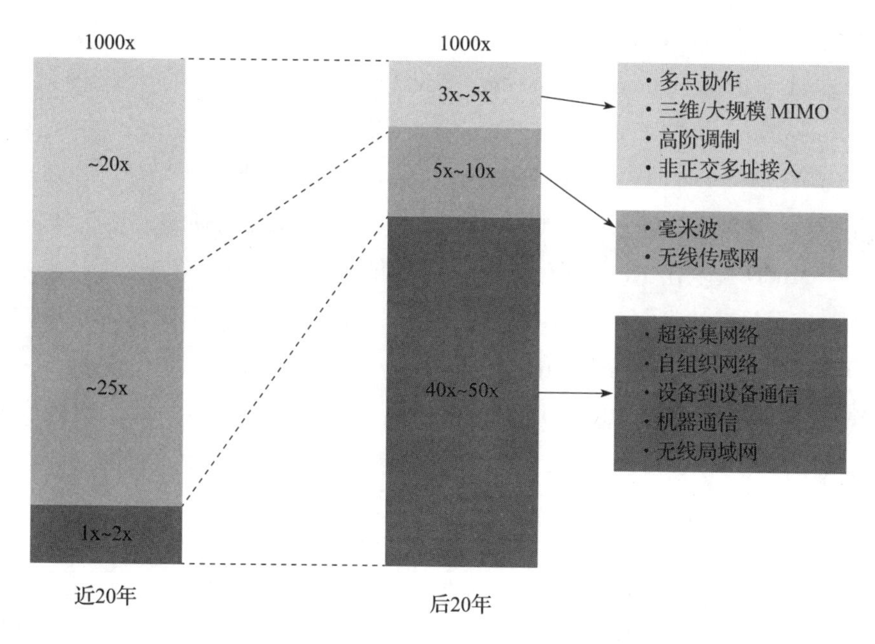

图 1-3　网络吞吐量趋势[2]

频谱资源包括毫米波（Millimeter Wave，MMW）、无线传感器网络（Wireless Sensor Network，WSN）等。

网络设备包括超密集网络（Ultra-Dense Network，UDN）、无线自组织网络（Wireless self-Organized Network，WSON）、设备到设备通信（Device to Device，D2D）、机器通信（Machine Type Communication，MTC）等。

1.2　研究现状

MIMO 技术的发展经历从简单到复杂的发展过程，从最初点到点通信，到单小区单用户，再到单小区多用户，最后到多小区多用户。单小区主要有单输入单输出（Single-Input Single-Out，SISO）、多输入单输出（Multiple-Input Single-Output，MISO）、多用户 MIMO（Multiuser MIMO，MU-MIMO）、多用户大规模 MIMO；而多小区 MIMO（Multicell MIMO）主要分为多小区非协作和协作 MIMO、多小区协作和非协作大规模 MIMO。MIMO 技术发展如图 1-4 所示。

MIMO 技术由于能够显著提高频谱效率和增强系统可靠性而成为学术界和产业界研究热点，并广泛应用于多种国际移动通信标准中，例如通用移动通信系统（Universal Mobile Telecommunications System，UMTS）中的高速下行分组接入（High Speed Downlink Packet Access，HSDPA）、第三代合作伙伴计划（3rd Generation Partnership Project，3GPP）中的长期演进（Long Term Evolution/LTE-advanced，LTE/LTE-A）、电气和电子工程师协会（Institute of Electrical and Electronics Engineers，IEEE）802.16e/m 中的全球微波互联接入（Worldwide Interoperability for Microwave Access，WiMAX）、802.11n/ac/ah 中的无线局域网络无线保真（Wireless Local Area Betworks/Wireless-Fidelity，WLAN/WI-FI）。随着移动通信向 5G 的演进，容量需求急剧膨胀、频谱资源极度匮乏、能源消耗与环境污染问题凸显其重要性。鉴于 MIMO 技术在 3G、4G 移动通信的成功运用，未来 5G 移动通信技术中 MIMO 技术也必将为物理层关键技术之一。2010 年底，T. L. Marzetta 提出一种新型 MIMO 技术——大规模 MIMO 技术（又称作 massive MIMO，Large-scale Antenna Systems，Very Large MIMO，Hyper MIMO，Full-Dimension MIMO，ARGOS）[6]，大规模 MIMO 技术对空间维度的利用达到空前的水平，能够有效地提高频率效率、降低能量消耗。因此，大规模 MIMO 技术成为 5G 移动通信突破性技术之一。

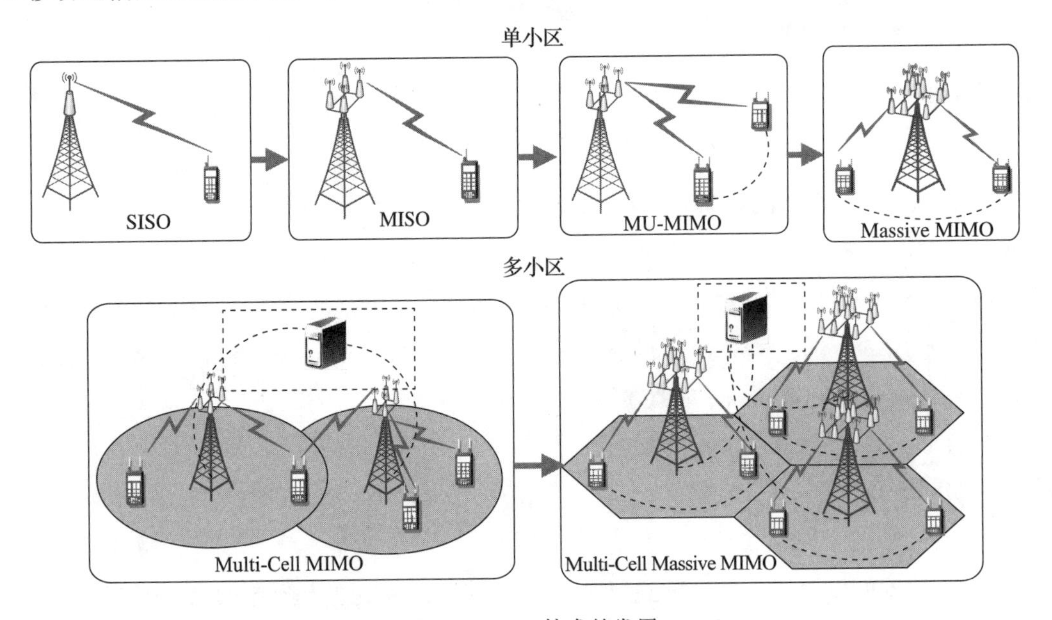

图 1-4　MIMO 技术的发展

T. L. Marzetta 指出，大规模 MIMO 技术通过多余空间自由度可以大大地降低终端信号处理复杂度，并且在基站端使用简单的线性信号处理算法就可以减小或者消除小区内干扰、小区间干扰、信道估计误差以及噪声的影响，从而达到系统最佳性能。T. L. Marzetta 在文献［6］中研究指出，在大规模 MIMO 系统中，常用的低复杂度线性信号检测和预编码技术被认为是最实用的候选方案，例如最大比合并（Maximum Ratio Combining，MRC）、最大比发送（Maximum Ratio Transmission，MRT）、迫零（Zero-Forcing，ZF）、正则化迫零（Regularized Zero-Forcing，RZF）、最小均方误差（Minimum Mean Square Error，MMSE）等。在大规模 MIMO 系统中，由于不同的用户分布在不同的地理位置，因此系统同时受多径衰落、阴影衰落以及路径损耗的影响，此外大规模 MIMO 能够应用于不同的场景，如图 1-5 所示，大规模 MIMO 能够用于广域覆盖的宏小区，也能够用于承担热点覆盖的密集小小区，还能够用于室内覆盖的分布式天线以及承担小区边缘覆盖中继系统等，共同形成未来移动通信网络。天线部署形式有宏蜂窝覆盖的圆柱形天线阵列，分布在不同地理位置的分布式天线阵列、线性阵列以及平面阵列，还有中国移动提出的“中”字形排列的大规模天线阵列。H. Q. Ngo 等人研究指出，在基站天线数趋于无穷时，原本随机的信道趋于确定，并且给出理想信道状态信息（Channel State Information，CSI）和非理想 CSI 下使用 MRC、ZF 以及 MMSE 接收检测技术时大规模 MIMO 系统和速率渐进性能，并对基于 MRC 和 ZF 接收检测的频谱效率和能量效率进行对比分析[7]。研究者在文献［7］中进一步指出：在理想 CSI 情况下，用户天线的发射功率与基站天线数目成反比；在非理想 CSI 情况下，用户天线发射功率与基站天线数目的平方根成反比。利用随机矩阵理论工具，S. Wager 等人研究分析了基站天线数与用户天线数以固定比例趋于无穷时使用 ZF 和 RZF 预编码算法大规模 MIMO 系统和速率渐进性能[8]。除了集中式大规模 MIMO 之外，M. Matthaiou 等人研究基于 ZF 接收的分布式 MIMO 和速率性能，并给出和速率下界以及高信噪比和低信噪比（Signal-to-Noise，SNR）和速率渐进性能，并对大规模 MIMO 渐进性能进行分析[9]。

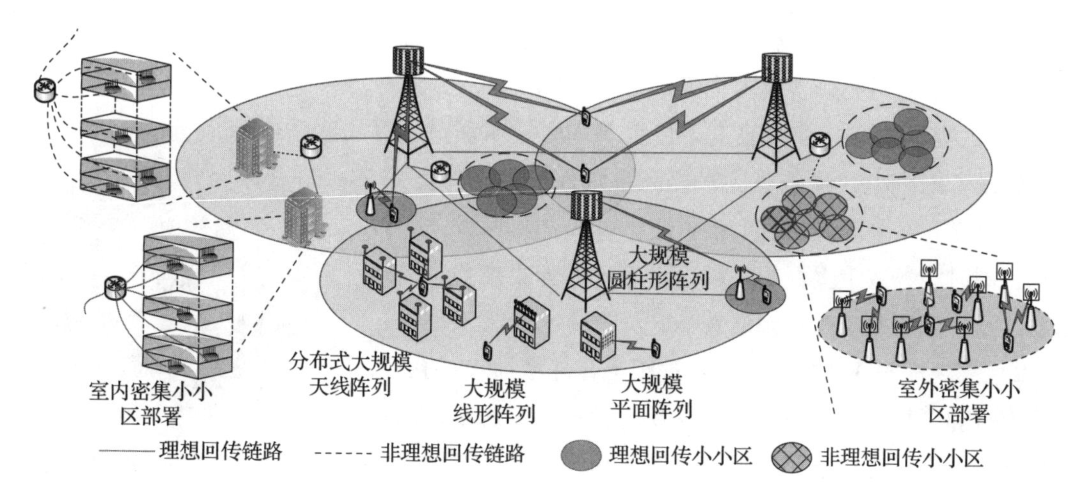

图 1-5　大规模天线场景示意图

在多小区大规模 MIMO 系统中，频率复用产生的同道干扰（Co-Channel Interference，CCI）严重影响了系统性能。许多干扰减小和消除技术用于减小和消除多小区干扰，例如最大似然多用户检测技术（Maximum Likelihood Multi-user Detection，MLMD）、多点协作技术（Coordinated Multipoint，CoMP）、干扰对齐技术（Interference Alignment，IA），然而这些非线性技术由于具有很高的计算复杂度，在大规模 MIMO 技术中很难应用。因此，简单的线性信号处理算法成为研究热点。H. Q. Ngo 研究给出多小区上行线性 ZF 接收检测可达数据速率、误符号率、中断概率的理论分析表达式，并详细分析多小区间干扰对系统性能的影响[10]。此外，大规模 MIMO 由于同时服务众多的用户，不同小区使用正交导频序列的可能性不大，因此需要在不同小区复用相同导频序列，从而产生的干扰称为导频污染。T. L. Marzetta 第一次指出导频污染是大规模 MIMO 极限性能限制的唯一因素。Jubin Jose 对大规模 MIMO 中的导频污染问题进行详细分析，提出一种减少导频污染的预编码方案。Ralf Muller 等分别从协议、预编码技术、协作、角度谱以及盲检测等角度研究导频污染减小或消除方案，上述研究指出在一定条件下，导频污染可以完全消除。T. L. Marzetta 在文献［6］中研究指出，在 FDD 系统中，大规模 MIMO 所需导频序列数目与基站天线数目成正比，因而限制了大规模 MIMO 在 FDD 系统中的应用。Giuseppe Caire 提出了一种联合空分复用方案，可以有效地解决 FDD 系统中导频污染的问题，使得大规模 MIMO 在 FDD 系统下的应用成为可能。虽然针对大规模 MIMO 技术的研究已经有大量的理论和技术成果，然而对于大规模 MIMO 的研究还不够充分，许多实际问题尚未解决。因此，研究大规模 MIMO 技术具有重大的理论和实际意义。

1.3　技术优势

大规模 MIMO 作为一种新型 MIMO 技术，它并不是简单的天线增加，而是一种新型蜂窝网络架构，它具有许多技术优势，如图 1-6 所示。

1）大规模 MIMO 技术改变了传统 MIMO 技术通过小区间协作或者缩小小区覆盖范围来提高系统性能的工作方式，而是通过在基站端配置成百上千个低功率（毫瓦量级）天线阵列，同时服务数十上百的终端用户带来的分集增益、复用增益以及阵列增益来提高频谱效率以及能量效率。

图 1-6　大规模 MIMO 技术优势

2）大规模 MIMO 技术可以通过相干合并增加天线孔径，降低上行和下行发射功率，从而提高能量效率，这不仅从商业角度出发，也与环境和健康问题休戚相关，并且符合当前绿色通信的发展需求。

3）在 TDD 模式下，利用信道互易性，所需导频序列的数目仅仅与每个小区用户（用户单天线）数目成比例，而与基站的天线数目无关，因此大大降低了导频开销，使得大规模 MIMO 技术在 TDD 中的应用成为可能。

4）当基站天线数远远大于用户数（用户单天线）的条件下，简单的预编码（MRT、ZF、RZF）和检测（MRC、ZF、MMSE）算法将是最实际、实用的传输方案。在极限情况下，热噪声、小区内干扰、小区间干扰以及信道估计误差将被消除，系统性能限制的唯一因素为小区间复用相同的导频序列产生的导频污染。

5）在大规模 MIMO 系统中，基站端配置大量天线，于是可以利用大数定律和波束赋形算法有效地降低空中接口的延迟。

6）在大规模 MIMO 系统中，由于基站端配置大量天线，从而能够简化多址接入层设计（Multiple Access Layer，MAC）。

7）在大规模 MIMO 系统中，通过大量基站天线使得天线辐射波瓣很窄，从而能够增强鲁棒性，抵抗无意和蓄意干扰。

鉴于大规模 MIMO 技术的上述优势，使得大规模 MIMO 成为学术界和产业界研究热点，也成为未来移动通信的备选标准之一。

1.4 面临挑战

面对未来无线通信的多样化，尤其是 5G 移动通信的需求，大规模 MIMO 的理论和技术研究仍不充分，在标准化和产业化方面还面临一些挑战。

（1）信道测量和建模方面

当前针对大规模 MIMO 的研究基本上都是基于传统的信道模型，然而传统的 MIMO 信道模型不能直接应用于大规模 MIMO 系统性能分析，主要有以下两个方面的原因：首先，传统 MIMO 信道模型中的远场假设在大规模 MIMO 系统中不适用；其次，在大规模 MIMO 系统中，将会出现非稳态特性。因此，信道测量和建模的研究是大规模 MIMO 技术面临的重要挑战。

（2）时分双工与频分双工模式方面

由于信道估计和反馈问题，上述关于大规模 MIMO 的研究均是基于时分双工模式（Time Division Duplexing，TDD）的。在频分双工（Frequency Division Duplexing）模式，可以通过以下几种方法实现大规模 MIMO 系统。一种方法是基于部分或无 CSI 下的高效预编码方法；另外一种方法是利用压缩感知理论减少反馈消耗。在基站端部署大量天线，天线间往往是相关的。研究表明，当基站天线间存在相关性时，通信的实现不需要反馈每个天线的 CSI。因此，CSI 信息能够被压缩，只需要反馈不相关的信道的 CSI。根据接收信息，基站能够重构 CSI，通过这种方法能够极大地减少反馈的 CSI 量。此外，即使上行与下行分配不同频率彼此之间也不是独立的。在 FDD 模式下，频率相关性算法能够用于获得信道互异性，常用的频率相关算法有基于到达角（Direction of Arrival，DoA）频率相关算法、基于协方差矩阵频谱相关算法以及基于空时（Spatio-Termoral）频率相关算法。

（3）调制方面

在大规模 MIMO 系统中，基站端部署大量低成本、低效率射频放大器，使得使用正交频分复用多址接入（Orthogonal Frequency Division Multiplexing，OFDM）技术产生的高峰值平均功率比（Peak to Average Power Ratio，PAPR）严重影响大规模 MIMO 系统性能。在不需要均衡技术和多用户资源分配的情况下，单载波发送能够获得近似最优的和速率性能，并且具有较低的发送功率接收功率比。

（4）理论分析方面

绝大部分关于大规模 MIMO 的工作都是基于独立同分布的复高斯随机（瑞利衰落）变量，并且随着天线数增加用户间的信道将变得在两两正交的条件下进行发送预编码设计以及接收端检测设计，并且基于设计方案进行大规模渐进性能分析。在大规模 MIMO 系统中，大量天线部署在有限空间内，天线阵元间不可避免地会产生相关性，而当前对于信道间相互独立的研究不切实际。此外，当前对于大规模 MIMO 研究绝大部分基于瑞利衰落信道，然而实际测量表明，无线衰落信道并不总是符合瑞利衰落模型，对于其他均匀散射环境衰落模型（例如，Ricean、Nakagami、Weibull、Beckmann、K、Generalized-K 等衰落信道）以及非均匀散射环境下衰落模型（例如，$\alpha-\mu$、$\eta-\mu$、$\kappa-\mu$、$\lambda-\mu$、$\alpha-\eta-\mu$、$\alpha-\kappa-\mu$，Beckmann、Rician 阴影、Gamma 阴影以及 $\kappa-\mu$ 阴影等衰落信道）下的大规模 MIMO 系统性能研究以及收发设计还不充分，还有待于进一步研究。此外，如图1-5 所示，大规模 MIMO 能够以不同的部署形式应用于不同的场景和不同的地理空间，因此大规模 MIMO 基站与多天线用户之间以及大规模分布式天线与用户之间的通信链路受到小尺度衰落和大尺度衰落（阴影衰落与路径损耗）组成的复合衰落信道的影响，其中，小尺度衰落又称多径衰落，是指无线电信号在短时间或短距离传播后其幅度、相位或多径时延快速变化，它是由于信号分量通过不同障碍物产生的反射、散射和衍射后信号分量的叠加；大尺度衰落包括阴影衰落和路径损耗，其中阴影衰落是指移动通信信道传播环境中的地形起伏、建筑物及其他障碍物对传播路径的阻挡而形成的电磁场阴影效应；路径损耗是指电波在空间传播所产生的损耗，它用于表征信号强度随距离变化的程度。因此，大规模 MIMO 在复合衰落信道下性能以及传输设计还有待进一步研究。

（5）导频污染方面

在典型的多小区大规模 MIMO 系统中，所有小区使用相同的导频序列不太可能，就需要不同（相邻）小区复用相同的导频，相邻小区使用非正交导频产生导频污染，直接引起小区间干扰。导频污染产生的干扰不同于其他干扰，它不是随着基站天线数目的增加而减少，而是随着基站天线数目的增加，干扰也随之增强。多种技术如信道估计、预编码、协作、盲检测等方法用于解决导频污染问题。然而，所提算法大部分复杂度较高，低复杂度高性能的导频污染消除技术还有待于进一步研究。

（6）硬件方面

当前针对大规模 MIMO 技术的研究总是基于理想硬件，在实际系统中，射频设备受到各类硬件损伤的影响，例如非线性功率放大器、同相和正交相位（In-phase and Quadrature，I/Q）非平衡、相位噪声以及量化误差。虽然可以通过适当的补偿和校准算法来减少硬件损伤对系统性能的影响，但是由于估计误差和校准不准确，仍旧存在一些残留损伤，而这些残留损伤对系统性能仍会产生重要影响。因此，非理想硬件大规模 MIMO 衰落性能及传输方案的研究具有重大的实际意义。

（7）技术融合方面

面对未来无线通信高频谱效率和高能量效率需求，用户体检的丰富化、多样化，任何一项技术将无法满足未来无线通信需求。因此，未来无线通信网络将是多种技术融合的网络。大规模 MIMO 作为 5G 移动通信重要的候选技术，与其他技术的融合问题将不可避免。因此，研究大规模 MIMO 与其他技术的融合，如三维 MIMO 技术[11、12]、分布式 MIMO 技术[13、14]、小小区网络[15、16]、毫米波、无线信息与能量协同传输、协作通信以及异构网络，将是大规模 MIMO 技术实用化的又一挑战。

参考文献

[1] A Osseiran, V Braun, T Hidekazu, et al. The Foundation of the Mobile and Wireless Communications System for 2020 and Beyond Challenges, Enablers and Technology Solutions [C]. VTC-Spring 2013, 2013.

[2] Q Li, H Niu, A Papathanassiou, et al. 5G Network Capacity Key Elements and Technologies [J]. IEEE Veh. Technol. Mag., 2014, 9(1): 71-78.

[3] L Lu, G Y Li, A L Swindlehurst, et al. An Overiew of Massive MIMO: Benefits and Challenges [J]. IEEE Journal of Selected Topics in Signal Processing, 2014, 8(5): 742-758.

[4] F Rusek, D Persson, B K Lau, et al. Scaling Up MIMO: Opportunities and Callenges with Very Large Arrays [J]. IEEE Signal Process. Mag., 2013, 30(1): 40-46.

[5] E G Larsson, F Tufvesson, O Edfors, et al. Massive MIMO for Next Generation Wireless Systems [J]. IEEE Commun. Mag., 2014, 52(2): 186-195.

[6] T L Marzetta. Noncooperative Cellular Wireless with Unlimited Numbers of Base Station Antennas [J]. IEEE Trans. Wireless Commun., 2010, 9(11): 3590-3600.

[7] H Q Ngo, E G Larsson, T L Marzetta. Energy and spectral efficiency of very large multiuse r MIMO systems [J]. IEEE Trans. on Commun., 2013, 61(4): 1436-1449.

[8] S Wagner, R Couillet, M Debbah, et al. Large System Analysis of Linear Precoding in Correlated MISO Broadcast Chennels Under Limited Feedback [J]. IEEE Inf. Theory, 2012, 58(7): 4509-4537.

[9] M Matthaiou, C Zhong, M R McKay, et al. Sum Rate Analysis of ZF Receivers in Distributed MIMO Systems [J]. IEEE J. Sel Areas Commun., 2013, 31(2): 180-191.

[10] H Q Ngo, M Matthaiou, T D Duong et al. Uplink performance analysis of multicell MU-SIMO systems with ZF receivers [J]. IEEE Trans. Veh. Technol., 2013, 62(9): 4471-4483.

[11] Q U A Nadeem, A Kammoun, M Debbah et al. 3D Massive MIMO Systems: Modeling and Performance

Analysis[J]. in IEEE Transactions on Wireless Communications, 2015, 14(12): 6926-6939.

[12] X Cheng, B Yu, L Yang, et al. Communicating in the real world: 3D MIMO[J]. in IEEE Wireless Communications, 2014, 21(4): 136-144.

[13] A E Forooshani, A A Lotfi-Neyestanak, D G Michelson. Optimization of Antenna Placement in Distributed MIMO Systems for Underground Mines[J]. in IEEE Transactions on Wireless Communications, 2014, 13(9): 4685-4692.

[14] D Wang, J Wang, X You, et al. Spectral Efficiency of Distributed MIMO Systems[J]. in IEEE Journal on Selected Areas in Communications, 2013, 31(10): 2112-2127.

[15] V Jungnickel K Manolakis, W Zirwas, B Panzner, et al. The role of small cells, coordinated multipoint, and massive MIMO in 5G[J]. in IEEE Communications Magazine, 2014, 52(5): 44-51.

[16] H Q Ngo, A Ashikhmin, H Yang, et al. Cell-Free Massive MIMO Versus Small Cells[J]. in IEEE Transactions on Wireless Communications, 2017, 16(3): 1834-1850.

第 2 章

基础理论

2.1 系统性能指标

2.1.1 平均信噪比

信噪比（SNR）是用于表征无线通信系统性能最常用、最便于理解和分析的性能评价指标[1]。通常情况下，SNR 定义为接收端输出信息功率与噪声功率之比[2]。在传统的 SNR 中，噪声是指始终存在的热噪声。在无线通信衰落环境中，瞬时 SNR 很难获得，通常使用平均 SNR 作为性能评价指标，其中“平均”是针对衰落变量概率分布的统计平均。从数学上来讲，假设 γ 表示接收端输出瞬时 SNR（随机变量），则平均 SNR 可表示为

$$\bar{\gamma} \overset{\text{def}}{=} \int_0^{\infty} \gamma p_{\gamma}(\gamma)\,\mathrm{d}\gamma \tag{2.1}$$

式中，$p_{\gamma}(\gamma)$ 为 γ 的概率密度函数（Probability Density Function，PDF）。为了分析方便，有时将式（2.1）表示为矩量母函数（Moment Generating Function，MGF）形式

$$M_{\gamma}(s) \overset{\text{def}}{=} \int_0^{\infty} p_{\gamma}(\gamma)\mathrm{e}^{s\gamma}\,\mathrm{d}\gamma \tag{2.2}$$

对式（2.2）求关于 s 的一阶导数，并令 $s=0$ 可得到式（2.1）的结果

$$\bar{\gamma} \overset{\text{def}}{=} \left.\frac{\mathrm{d}M_{\gamma}(s)}{\mathrm{d}s}\right|_{s=0} \tag{2.3}$$

换而言之，如果能够获得瞬时 SNR 的 MGF（或许有闭式表达式），可以通过对 MGF 求关于 s 的微分来得到平均 SNR。

在无线通信系统中，针对多信道系统，经常需要分析系统输出 SNR 的分集增益，常用的接收算法为最大比合并（Maximal-Ratio Combining，MRC），则利用 MRC 后系统输出的 SNR 可表示为

$$\gamma = \sum_{l=1}^{L} \gamma_l \tag{2.4}$$

式中，L 为接收合并的信道数目。此外，在实际系统中，经常假设多个信道之间是相互独立的，即 $\gamma_l \,|_{l=1}^{L}$ 为相互独立的随机变量。在这种情况下，系统 SNR 的 MGF 形式 $M_{\gamma}(s)$ 能够表示为每个信道的 MGF 的乘积

$$M_{\gamma}(s) = \prod_{l=1}^{L} M_{\gamma_l}(s) \tag{2.5}$$

对于大多数衰落信道统计模型，系统 MGF 通常能够计算出闭式表达式。

相比之下，即使假设信道相互独立，系统 SNR 的概率密度函数需要各个信道概率密度函数 $p_{\gamma_l}(\gamma_l)\,|_{l=1}^{L}$ 的卷积，求出上述 PDF 的闭式表达式也面临巨大挑战。即使每个信道的 PDF 具有相同的函数形式，系统 SNR 的评估也面临巨大的挑战，而 MGF 方法则避开上述问题。

2.1.2 中断概率

当考虑非各态历经（遍历）信道时，中断概率（Outage Probability，OP）性能更适合于表征系统瞬时衰落性能。一般而言，中断概率定义为系统输出瞬时 SNR 低于固定阈值 γ_{th} 的概率[2,3]

$$P_{out} \overset{\text{def}}{=} \Pr(\gamma \leqslant \gamma_{th}) \tag{2.6}$$

从数学上来讲，式（2.6）可以重新表述为积分形式

$$P_{out} = \int_0^{\gamma_{th}} p_\gamma(\gamma)\mathrm{d}\gamma = F_\gamma(\gamma_{th}) \tag{2.7}$$

式中，$F_\gamma(\gamma_{th})$ 为 $\gamma = \gamma_{th}$ 时的累积分布函数（Cumulative Distribution Function，CDF）。由于 PDF 和 CDF 间的关系式为 $p_\gamma(\gamma) = \mathrm{d}F_\gamma(\gamma)/\mathrm{d}\gamma$，另外 $F_\gamma(0) = 0$，则两个函数的拉普拉斯变换关系式可表示为

$$\hat{F}_\gamma(s) = \frac{\hat{p}_\gamma(s)}{s} \tag{2.8}$$

由于 MGF 正是 PDF 的拉普拉斯负变换，即

$$\hat{p}_\gamma(s) = M_\gamma(-s) \tag{2.9}$$

因此，系统中断概率能够表示为 $M_\gamma(-s)/s$ 的拉普拉斯变换，即

$$P_{out} = \frac{1}{2\pi \mathrm{j}}\int_{\sigma-\mathrm{j}\infty}^{\sigma+\mathrm{j}\infty} \frac{M_\gamma(-s)}{s}\exp(s\gamma_{th})\mathrm{d}s \tag{2.10}$$

式中，σ 为复平面 s 中积分收敛区域。逆拉普拉斯评价方法已经得到广泛关注。

2.1.3 平均误符号率

误符号率（Symbol Error Probability，SEP）是所有性能评价指标中最复杂的一个，其原因在于条件误符号率是瞬时 SNR 非线性函数，也是调制/检测算法的非线性函数。例如，在多信道条件下，平均误符号率不像平均 SNR 针对每个信道性能进行简单的平均。此种情况下，MGF 方法可以有效地简化多信道条件下平均误符号率的分析。

评价通信系统误符号率性能，其通用表达式涉及高斯 Q 函数[2]。在慢衰落条件下，瞬时 SNR 为一个时不变随机变量，则误符号率的 PDF 可表示为

$$\begin{aligned} P_s &= \mathrm{E}[Q(a\sqrt{\gamma})] \\ &= \int_0^\infty Q(a\sqrt{\gamma})p_\gamma(\gamma)\mathrm{d}\gamma \end{aligned} \tag{2.11}$$

式中，a 是一个与调制/检测相关的常量，例如 $a^2 = 2\sin^2(\pi/M)$ 表示 M-PSK 调制[1]；$Q(\cdot)$ 为 Q 函数，可以表示为以下两种形式：

$$Q(x) = \frac{1}{2\pi}\int_{x}^{\infty} \exp\left(-\frac{y^2}{2}\right)\mathrm{d}y \tag{2.12}$$

$$Q(x) = \frac{1}{2\pi}\int_{0}^{\frac{\pi}{2}} \exp\left(-\frac{x^2}{2\sin^2\theta}\right)\mathrm{d}\theta \tag{2.13}$$

通常情况下，利用式（2.12）计算式（2.11）的结果是非常困难的，其原因在于高斯 Q 函数的积分下限存在$\sqrt{\gamma}$。利用式（2.13）的 Q 函数表达式，则式（2.11）的误符号率可以进一步表示为以下双重积分形式：

$$\begin{aligned} P_s &= \int_0^{\infty} \frac{1}{\pi}\int_0^{\pi/2} \exp\left(-\frac{a^2\gamma}{2\sin^2\theta}\right)\mathrm{d}\theta p_\gamma(\gamma)\,\mathrm{d}\gamma \\ &= \frac{1}{\pi}\int_0^{\pi/2}\left[\int_0^{\infty} \exp\left(-\frac{a^2\gamma}{2\sin^2\theta}\right)\mathrm{d}\gamma p_\gamma(\gamma)\right]\mathrm{d}\theta \end{aligned} \tag{2.14}$$

式（2.14）的内部积分可以看出是关于 γ 的拉普拉斯变换。MGF 可以看成是关于瞬时 SNR 的概率密度函数 $p_\gamma(\gamma)$ 拉普拉斯负变换。因此，式（2.14）可以表示为如下形式：

$$P_s = \frac{1}{\pi}\int_0^{\pi/2} M_\gamma\left(-\frac{a^2}{2\sin^2\theta}\right)\mathrm{d}\theta \tag{2.15}$$

此外，平均误符号率也可以表示为如下通用形式[4]：

$$P_s = \mathrm{E}[\alpha Q(\sqrt{2\beta\gamma})] \tag{2.16}$$

式中，$Q(\cdot)$ 为式（2.12）所定义的 Q 函数；α 和 β 为调制常量，例如，当 $\alpha=1$ 和 $\beta=1$ 时，表示使用 BPSK 调制；当 $\alpha=2$ 和 $\beta=\sin^2(\pi/M)$ 时，表示使用 M-ary PSK 调制。利用 Q 函数与余误差函数和梅杰-G 函数的关系[5]

$$Q(x) = \frac{1}{2}\mathrm{erfc}\,\frac{x}{\sqrt{2}} \tag{2.17}$$

$$\mathrm{erfc}\sqrt{x} = \frac{1}{\pi}G_{12}^{20}\left[x \,\middle|\, \begin{matrix} 1 \\ 0,\frac{1}{2} \end{matrix}\right] \tag{2.18}$$

结合式（2.17）、式（2.18）和各种衰落信道的 PDF，式（2.16）的平均 SEP 可以进一步简化得到闭式表达式。

2.1.4 衰落量

平均信噪比、中断概率以及平均误符号率是用于评价通信系统衰落性能的重要指标，其中平均 SNR 由于只涉及瞬时 SNR 的一阶矩阵具有计算简洁的优势。然而，在分集合并的情况下，上述性能评价指标不能够获得所有分集增益。如果分集优势仅仅限于平均 SNR，则可以简单地通过增加发射功率获得。重要的是分集系统的幅度用于减少由衰落引起的波动，而减少信号包络相对方差不能仅仅通过增加发射功率获得。为了获得上述对系统性能的影响，M. S. Alouini 等人提出衰落量（Amount of Fading，AF）的概念，AF 用于测量通信系统的衰落程度，其定义为输出端瞬时 SNR 的方差与平均 SNR 的平方之比，即

$$\mathrm{AF}=\frac{\mathrm{var}[\gamma]}{(\mathrm{E}[\gamma])^2}=\frac{\mathrm{E}[\gamma^2]-(\mathrm{E}[\gamma])^2}{(\mathrm{E}[\gamma])^2} \tag{2.19}$$

上述公式可以表示为 MGF 形式

$$\mathrm{AF}=\frac{\mathrm{d}^2M_\gamma(s)\mid_{s=0}-(\mathrm{d}M_\gamma(s)\mid_{s=0})^2}{(\mathrm{d}M_\gamma(s)\mid_{s=0})^2} \tag{2.20}$$

由于式（2.19）中定义的 AF 在合并器的输出端计算，因此 AF 反映特殊合并技术的分集行为以及衰落信道的统计特征。

2.1.5 平均中断周期

在一些通信方案中（自适应发送方案），上述性能评价指标不能为系统设计和部署提供足够信息。在这种情况下，中断频率和平均中断周期被广泛用于表征发送符号率、交织深度、包长度以及时隙周期等。

正如上述所讨论，在噪声受限系统中，中断概率定义为输出 SNR 小于某一特定阈值的概率。平均中断周期又称为平均衰落（Average Outage Duration，AOD），是用于测量平均多久系统处于中断状态。根据文献［6］所定义，平均中断周期的数学表达式为

$$T(\gamma_{\mathrm{th}})=\frac{P_{\mathrm{out}}}{N(\gamma_{\mathrm{th}})} \tag{2.21}$$

式中，P_{out}为式（2.6）中定义的中断概率；$N(\gamma_{\mathrm{th}})$ 是中断频率或等价于输出 SNR 在阈值 γ_{th}处的平均通过率，其数学表达式能够通过著名的 Rice 公式获得

$$N(\gamma_{\mathrm{th}})=\int_0^\infty \dot{\gamma} f_{\gamma,\dot{\gamma}}(\gamma_{\mathrm{th}},\dot{\gamma})\,\mathrm{d}\dot{\gamma} \tag{2.22}$$

式中，$f_{\gamma,\dot{\gamma}}(\gamma_{\mathrm{th}},\dot{\gamma})$ 为 γ 与其时间导数 $\dot{\gamma}$ 的联合 PDF。

2.2 信道模型

信道模型是 MIMO 技术性能评估和对比的基础。近年来，关于 MIMO 的技术研究都是基于二维（Two-Dimensional，2D）信道模型的。其中，3GPP 标准化进程中使用的基于几何构架的随机信道模型有空间信道模型（Spatial Channel Model，SCM）[7] 和空间信道模型扩展（Spatial Channel Model Extended，SCME）[8]。欧盟 WINNER（Wireless World Initiative New Radio）组织提出的几何架构随机信道模型是 WINNER II[9]。这些模型的建立都是在二维平面内进行的。然而，在实际空间传输过程中，无线信号会经过散射、反射和折射，当

信号到达接收端时，信号能量不仅在水平平面上分布，同时也分布于垂直平面。再加上传输环境变得越来越复杂，高楼、树木等环境因素对信号传播的影响越来越大。因此，综合考虑水平空间信息和垂直空间信息的三维（Three-Dimensional，3D）信道模型就可以更准确地模拟实际的信号传输，对三维 MIMO 的研究具有重要意义。

2.2.1　二维 MIMO 信道

传统无线信道的建模都是基于散射簇的概念。图 2-1 为 3GPP 中 SCM 二维信道模型的示意图。其中，每一个散射簇对应了一条传播路径。由于信号在传播过程中会经历散射和反射等，每条路径又是由若干条子路径构成的。对于每条子路径而言，有唯一的到达角（Angle of Arrival，AoA）、离开角（Angle of Departure，AoD）、子径功率和子径时延等参数与之对应。因此，利用这些参数我们可确定子径的特性，从而最终得到信道的响应。

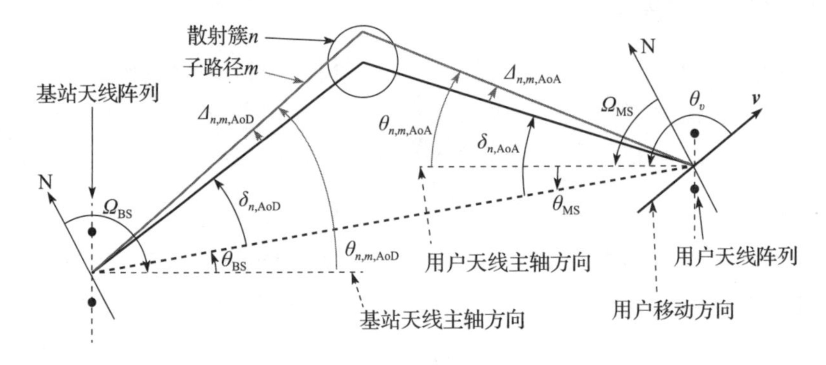

图 2-1　二维信道模型

图 2-1 所示信道模型的数学表达式为

$$h_{u,s,n}(t)=\sqrt{\frac{P_n\sigma_{\mathrm{SF}}}{M}}\sum_{m=1}^{M}\begin{pmatrix}\sqrt{G_{\mathrm{BS}}(\theta_{n,m,\mathrm{AoD}})}\exp(\mathrm{j}[kd_{\mathrm{s}}\sin(\theta_{n,m,\mathrm{AoD}})+\Phi_{n,m}])\times\\ \sqrt{G_{\mathrm{MS}}(\theta_{n,m,\mathrm{AoA}})}\exp(\mathrm{j}kd_{\mathrm{u}}\sin(\theta_{n,m,\mathrm{AoA}}))\times\\ \exp(\mathrm{j}k\|\boldsymbol{v}\|\cos(\theta_{n,m,\mathrm{AoA}}-\theta_v)t)\end{pmatrix}\tag{2.23}$$

式（2.23）表示的是发送天线阵子 s 与接收天线阵子 u 之间第 n 条路径的信道响应。其中，P_n 为第 n 条路径的功率；σ_{SF} 为对数正态阴影衰落系数；M 为一条路径对应的子径数；$\theta_{n,m,\mathrm{AoD}}$为第 n 条路径中第 m 条子径的离开角；$\theta_{n,m,\mathrm{AoA}}$ 为第 n 条路径中第 m 条子径的到达角；$G_{\mathrm{BS}}(\theta_{n,m,\mathrm{AoD}})$ 和 $G_{\mathrm{MS}}(\theta_{n,m,\mathrm{AoA}})$ 分别为基站端和用户端的天线增益；d_{s} 和 d_{u} 分别为基站端和用户端天线阵子与对应参考阵子之间的距离；$\Phi_{n,m}$ 为第 n 条路径中第 m 条子径的相位；$\|\boldsymbol{v}\|$ 和 θ_v 分别为用户移动速度的大小和方向。

为了能更好地表征空间信道模型，角度功率谱（Power Angle Spectrum，PAS）和角度扩展（Angle Spread，AS）也被引入信道的建模中。PAS 和 AS 不仅对计算天线间的相关度

有重要的作用，而且还会影响 MIMO 系统的分集和复用。在目前的信道模型中，通常假设基站端水平角度的 PAS 服从高斯分布或者拉普拉斯分布，用户端的 PAS 服从均匀分布。

实际上，基站天线在水平方向和垂直方向都是具有方向性的，因此在目前的蜂窝系统中，基站天线可以通过下倾角来区分相邻的小区。然而，受限于现有的天线阵列结构，传统的基站使用的都是固定的天线下倾角，并未具体考虑天线在垂直方向上的辐射特性，因此只在水平方向建立了天线增益模型，垂直方向都是假设为一个固定增益。

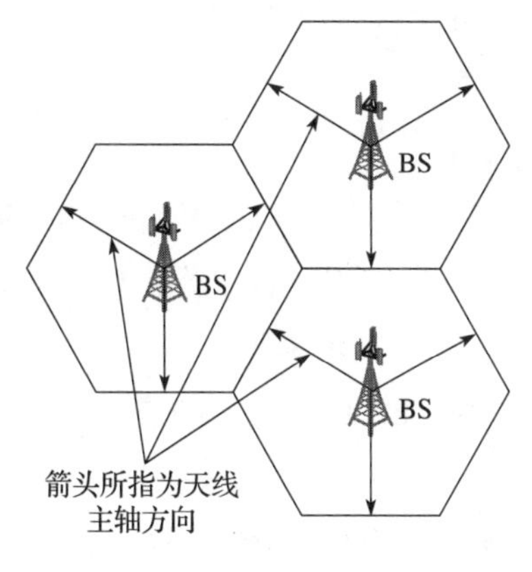

图 2-2　三扇区小区结构图

在 3GPP MIMO 信道中使用的是水平天线增益模型[7]。如图 2-2 所示，一个小区分为 3 个扇区，基站天线对每个扇区都有相应的天线主轴，每个扇区的天线增益可根据式（2.24）计算

$$A(\varphi) = -\min\left[12\left(\frac{\varphi}{\theta_{3dB}}\right)^2, A_m\right], \quad -180° \leqslant \varphi \leqslant 180° \tag{2.24}$$

式中，$A(\varphi)$ 表示天线增益；φ 表示信号发送方向与天线主轴在水平方向的夹角；θ_{3dB} 表示半波束宽度时对应的发送角度；A_m 是天线在水平方向的最大衰减。由式（2.24）可以看出，天线增益的大小只与水平方向上的角度有关。

在该 3 扇区场景中，如果假设 θ_{3dB} 为 70°，最大天线衰减 A_m 为 20dB，那么天线增益的仿真图如图 2-3 所示。如果不考虑参考坐标系的因素，该仿真结果与文献［7］中的结果一致。同理，还可以验证六扇区小区结构的天线增益。

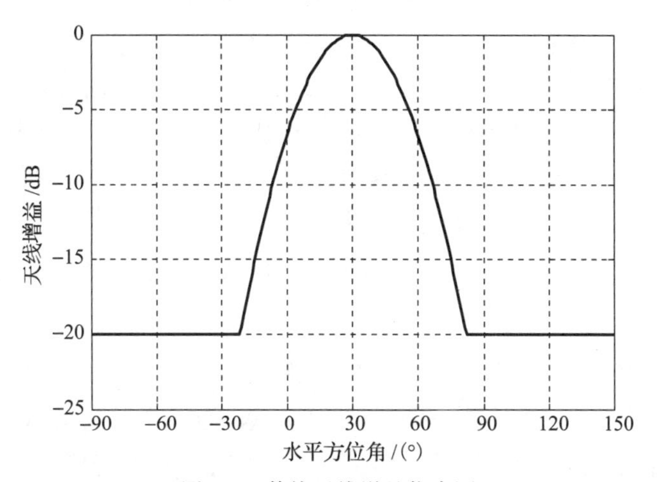

图 2-3　传统天线增益仿真图

在传统的二维信道模型中，只有水平方向上的空间特性被用来计算信道的响应，即只考虑了水平方向的角度：水平到达角（Azimuth Angle of Arrival，AAoA）和水平离开角

(Azimuth Angle of Departure，AAoD)。由于复杂度较低，且垂直方向上的天线阵元较难分辨，传统的二维信道模型在很长一段时间内都被用来分析和评估 MIMO 的系统性能，直到最近几年研究者们才将注意力集中到三维信道的建模上。

2.2.2 三维 MIMO 信道

在三维 MIMO 中，传统的线性天线阵列被扩展成了阵子间相互独立的天线矩阵，因此对于信号传播的考虑不再仅仅局限于水平面上。根据目前的研究，三维信道模型主要可以分为以下两类[10]。

（1）确定信道模型

确定信道模型是通过确定性的数据来描述三维 MIMO 中信道参数，可进一步分为基于几何的确定性信道模型（Geometry-Based Deterministic Model，GBDM）[10]和时域有限差分（Finite-Difference Time-Domain，FDTD）[10]模型。这两种模型都需要很精确的数据来源和很大的计算复杂度，并且需要通过麦克斯韦方程进行求解，因此确定信道模型很难在实际中得以应用。

（2）统计信道模型

统计信道模型是通过统计的方法来得到信道的物理参数或者不需要考虑实际的几何特性，因此可以很方便地用来模拟不同场景下的信号传输。统计信道模型可以细分为基于相关性的统计模型（Correlation-Based Model，CBM）、GBSM 和基于测量的伪几何模型(Measurement-Based Pseudo-Geometry Model，MBPGM)。CBM 模型通过获得空间信道相关性来计算信道响应，复杂度低，且可以用于三维 MIMO 的理论及系统分析。GBSM 模型利用预定义的散射簇统计数据和波的传输特性来表征信道，因此可以通过修正散射体的数据来灵活地应用到不同的场景。根据散射体的分布特性，GBSM 还可以细分为规则 GBSM 模型和不规则 GBSM 模型。MBPGM 是完全基于信道测量的一种模型，典型的例子包括了前文所提到的 SCM 和 WINNER 模型。目前，这种模型是三维 MIMO 研究中得到关注最多的模型。这是因为在得到垂直维度俯仰角相关的信道测量数据之后，原有的 SCM 和 WINNER 模型可以直接扩展为三维信道模型。

图 2-4 和图 2-5 分别是基于双球体和双柱体的三维信道模型示意图。这两种模型都属于 GBSM 模型，并且都已在现有研究中验证了信道的可行性[11]。在双球体模型图中，$\theta_{BS,l}$ 和 $\theta_{MS,l}$ 分别对应第 l 条路径中基站端和用户端的垂直俯仰角，$\theta_{BS,l}$ 和 $\theta_{MS,l}$ 则分别对应水平方位角。

天线下倾角对降低小区间干扰、提升系统性能有着重要作用。然而，下倾角的适当选择是性能有效提升的重要前提，这是因为过大的下倾角可能会导致用户的移动范围受限，而过小的下倾角又会使天线的覆盖范围过大，从而降低系统的效率。在三维 MIMO 中，需要利用垂直维度的空间信息重新建立天线增益的模型。这个新的模型不仅要考虑水平方位角对天线增益的影响，同时也要考虑垂直俯仰角这一因素。

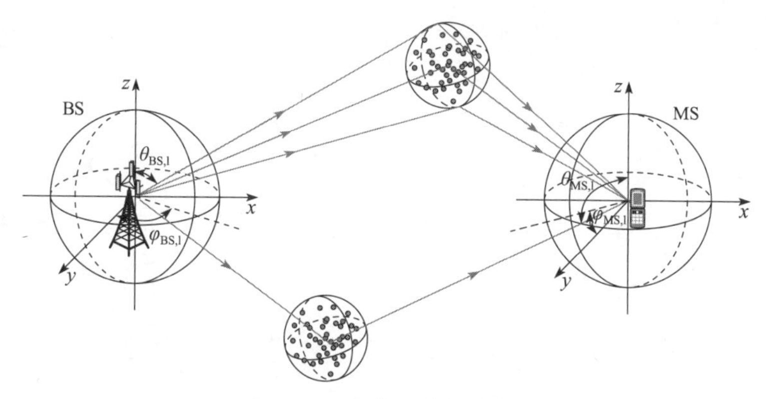

图 2-4 双球体三维信道模型

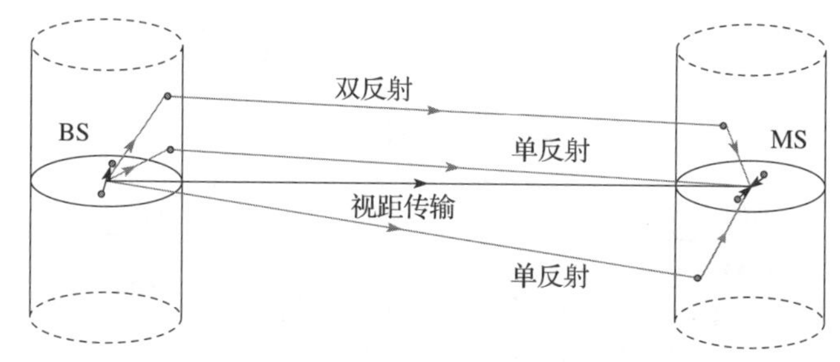

图 2-5 双柱体三维信道模型

目前宏小区中很常用的 Kathein 742215 天线[12]就对水平方向和垂直方向的天线增益进行了建模和计算，其参数也已在研究中得到了系统验证。因此，Kathein 742215 天线的参数可以作为研究的参考，本书也将基于此天线参数来计算天线增益。

在三维天线增益模型里，天线增益包含水平增益 $A_h(\varphi)$ 和垂直增益 $A_v(\theta)$ 两个方面的增益。水平增益的计算类似于传统的天线增益模型，具体如式（2.25）所示：

$$A_h(\varphi) = -\min\left(12 \times \left(\frac{\varphi}{\mathrm{HPBW_h}}\right)^2, \mathrm{FBR_h}\right) + G_m, \quad -180° \leqslant \varphi \leqslant 180° \tag{2.25}$$

式中，φ 为水平方位角；G_m 为水平方向的最大增益；$\mathrm{HPBW_h}$ 为水平方向的半功率波束宽度（Half Power Beam Width，HPBW，也称为3dB 波瓣宽度）；$\mathrm{FBR_h}$ 为经过天线前后的功率比（Front-Back Ratio，FBR）。

对于垂直方向天线增益的计算，沿用水平方向的计算方法。如式（2.26）所示，天线垂直增益 $A_v(\theta)$ 与垂直俯仰角 θ、电子倾角 θ_{etilt}、垂直方向的半功率波束宽度 $\mathrm{HPBW_h}$ 及旁瓣电平 $\mathrm{SLL_v}$ 有关，即

$$A_v(\theta) = \max\left(-12 \times \left(\frac{(\theta - \theta_{\mathrm{etilt}})}{\mathrm{HPBW_v}}\right)^2, \quad \mathrm{SLL_v}\right), \quad -90° \leqslant \theta \leqslant 90° \tag{2.26}$$

利用在实际基站配置中使用的 Kathein 742215 天线参数（见表 2-1），可以对三维天线增益模型进行仿真和验证。

表 2-1　Kathein 742215 天线参数（载频为 2140MHz）

G_m	$HPBW_h$	FBR_h	$HPBW_v$	SLL_v
18dBi	65°	30dB	6.2°	-18dB

图 2-6 表示了采用 Kathein 742215 天线参数的三维天线与传统二维天线在水平增益上的区别。由仿真可以看出，三维天线的增益范围比传统二维天线的大，且三维天线增益模型在方位角上也做了一定的拓展。

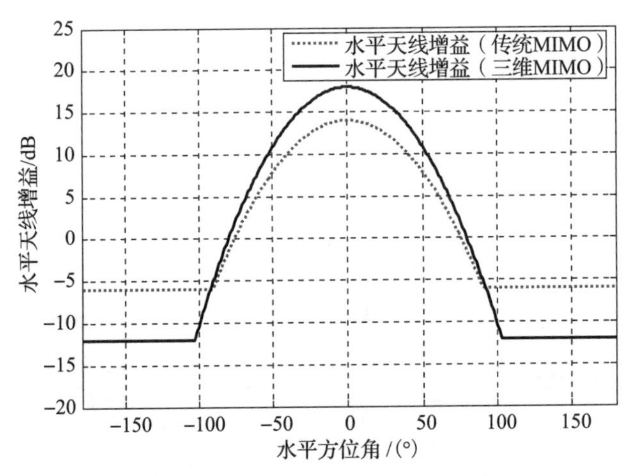

图 2-6　三维 MIMO 水平天线增益仿真图

图 2-7 是三维 MIMO 中垂直天线增益的仿真图。为了使角度对称更直观，在仿真中假设电子倾角为 0°。三维 MIMO 中的垂直天线增益较传统的 MIMO 是一个很大的不同点。传统的天线增益中并不考虑垂直俯仰角对垂直增益的影响，只是将其假设为最大增益，因此传统天线使用的都是固定的下倾角。引入垂直俯仰角对天线增益的影响后，三维 MIMO 基站天线能够更准确和有效地对准用户，这给提升性能提供了前提条件。

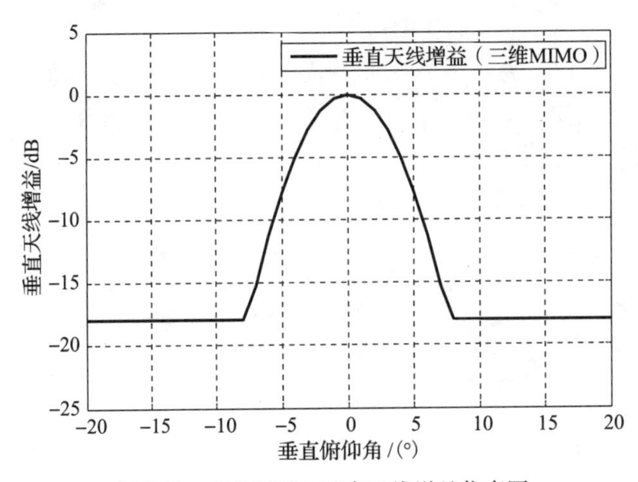

图 2-7　三维 MIMO 垂直天线增益仿真图

在分别得到水平和垂直方向的天线增益后，我们需要利用内插的方法来计算天线针对某一指向的总增益，目前已有研究者对这种内插法进行研究。研究结果表明，垂直和水平方向的增益需要分别加一个权重来构成最终的天线增益，计算这个权重的过程需要非常精确和谨慎的计算。在本书中，在保证增益有效的前提下简略了这个权重计算过程，认为垂直和水平增益是等权重的，因此得到如式（2.27）所示的与水平方位角和垂直俯仰角都有关的天线总增益。

$$A(\varphi,\theta)=A_{\mathrm{h}}(\varphi)+A_{\mathrm{v}}(\theta) \tag{2.27}$$

2.3 大规模MIMO传输

本节主要介绍大规模MIMO下行预编码技术和上行检测技术，并根据2.1节相关内容，分析系统遍历容量性能。考虑一个多小区大规模MIMO系统，有L个小区，每个小区包括一个M天线基站和K个单天线用户。

第l个基站和第i个小区内的第k用户的信道相应为

$$\boldsymbol{h}_{ik}^{l}=[h_{ik1}^{l},\cdots,h_{ikM}^{l}]^{\mathrm{T}}\in\mathbb{C}^{M\times 1}$$

信道向量为遍历的随机变量，并且在不同相干时间间隔独立生成。则信道相应的均值为

$$\overline{\boldsymbol{h}}_{ik}=\mathrm{E}[\boldsymbol{h}_{ik}^{l}]=[\overline{h}_{ik1}^{l},\cdots,\overline{h}_{ikM}^{l}]^{\mathrm{T}} \tag{2.28}$$

信道相应$\boldsymbol{h}_{ik}^{l}$的第m个系数的方差可表示为

$$\beta_{ik}^{l}=\mathrm{Var}(h_{ikm}^{l}) \tag{2.29}$$

式（2.29）与天线下标m是独立的（假设大尺度衰落在整个基站天线是平稳的）。假设每个基站和用户能够追踪到完美的长期统计特性，并且用户信道是统计独立的。

利用上述信道性质，下面给出大规模MIMO上行检测和下行预编码方案及其遍历容量性能，由于大规模MIMO维度特性，本书只考虑线性预编码和检测算法。

2.3.1 上行检测技术

考虑典型的上行大规模MIMO系统，第l个基站接收到的基带信号可以表示为

$$\boldsymbol{y}_{l}=\sum_{i=1}^{L}\sum_{k=1}^{K}\sqrt{p_{ik}}\boldsymbol{h}_{ik}^{l}x_{ik}+\boldsymbol{n}_{l} \tag{2.30}$$

式中，x_{ik}为归一化发送符号（$\mathrm{E}[|x_{ik}|^{2}]=1$）；$p_{ik}$为第$i$个小区第$k$个用户的发射功率；$\boldsymbol{n}_{l}$为加性高斯白噪声（Additive White Gaussian Noise，AWGN），$\boldsymbol{n}_{l}\sim\mathcal{CN}(\boldsymbol{0},\ \sigma_{\mathrm{UL}}^{2}\boldsymbol{I}_{M})$。

式（2.30）能够表示为多小区多用户MIMO系统模型的紧凑形式

$$\boldsymbol{y}_{l}=\sum_{i=1}^{L}\boldsymbol{H}_{i}^{l}\boldsymbol{P}_{i}^{1/2}\boldsymbol{x}_{i}+\boldsymbol{n}_{l} \tag{2.31}$$

式中，矩阵$\boldsymbol{H}_{i}^{l}=[\boldsymbol{h}_{i1}^{l}\cdots\boldsymbol{h}_{iK}^{l}]\in\mathbb{C}^{M\times K}$，$\boldsymbol{P}_{i}=\mathrm{diag}\{p_{i1},\ \cdots,\ p_{iK}\}\in\mathbb{C}^{K\times K}$，$\boldsymbol{x}_{i}=[x_{i1}\cdots x_{iK}]\in\mathbb{C}^{K\times 1}$。

信道矩阵 $\boldsymbol{h}_{ik}^{l}$需要在第 l 个基站进行估计，估计信道矩阵 $\boldsymbol{h}_{ik}^{l}$是通过上行用户发送导频符号序列 τ_p，令 $\tau_p = fK$，其中 f 为导频复用因子，其值为非负整数。每个小区内的 K 个用户使用正交的导频序列，而不同小区间使用相同的导频序列，则在导频发送阶段，第 l 个基站接收到的上行导频信号 $\boldsymbol{Y}_l^{\text{pilot}} \in \mathbb{C}^{M\times\tau_p}$为

$$\boldsymbol{Y}_l^{\text{pilot}} = \sum_{i=1}^{L} \boldsymbol{H}_i^l \boldsymbol{P}_i^{1/2} \boldsymbol{\Phi}_i + \boldsymbol{n}_l \tag{2.32}$$

式中，$\boldsymbol{\Phi}_i = [\varphi_{i1} \cdots \varphi_{iK}] \in \mathbb{C}^{\tau_p \times K}$为第 i 个小区内 K 个用户发送的导频序列，导频信号满足 $\boldsymbol{\Phi}_i^{\text{H}} \boldsymbol{\Phi}_i = \tau_p \boldsymbol{I}_k$。

通过利用信道的均值和方差，由接收到的导频信号，利用线性最小均方误差（Linear Minimum Mean Square Error，LMMSE）估计算法获得 $\boldsymbol{h}_{ik}^{l}$估计信息 $\hat{\boldsymbol{h}}_{ik}^{l}$[13]，则 $\hat{\boldsymbol{h}}_{ik}^{l}$可表示为

$$\hat{\boldsymbol{h}}_{ik}^{l} = \bar{\boldsymbol{h}}_{jk}^{l} + \frac{\sqrt{p_{jk}}\beta_{jk}^{l}}{\sum_{i=1}^{L} p_{ik}\tau_p\beta_{ik}^{l} + \sigma_{\text{UL}}^2} \left(\boldsymbol{Y}_l^{\text{pilot}} \varphi_{jk} - \sum_{i=1}^{L} \sqrt{p_{ik}}\tau_p \bar{\boldsymbol{h}}_{ik}^{l} \right) \tag{2.33}$$

估计误差 $\boldsymbol{e}_{jk}^{l} = \boldsymbol{h}_{jk}^{l} - \hat{\boldsymbol{h}}_{jk}^{l}$，$\boldsymbol{e}_{jk}^{l}$与信道 $\boldsymbol{h}_{ik}^{l}$和估计信道 $\hat{\boldsymbol{h}}_{ik}^{l}$相互独立，具有零均值方差，即

$$\text{MSE}_{jk}^{l} = \beta_{jk}^{l} \left(1 - \frac{p_{jk}\tau_p\beta_{jk}^{l}}{\sum_{i=1}^{L} p_{ik}\tau_p\beta_{ik}^{l} + \sigma_{\text{UL}}^2} \right) \tag{2.34}$$

利用式（2.33）的估计矩阵和式（2.34）的误差信息，分析非协作大规模 MIMO 系统遍历容量性能。在上行数据发送阶段，第 l 个基站利用接收到的信息检测本小区用户发送信息，其他小区用户发送的干扰信息作为加性噪声。通过将式（2.30）的接收信息乘以检测向量 $\boldsymbol{v}_{lk} \in \mathbb{C}^{M\times 1}$，第 l 基站检测本小区第 k 个用户发送的信息为

$$\begin{aligned} \boldsymbol{v}_{lk}^{\text{H}} \boldsymbol{y}_l &= \sum_{i=1}^{L}\sum_{t=1}^{K} \sqrt{p_{it}}\, \boldsymbol{v}_{lk}^{\text{H}} \boldsymbol{h}_{it}^{l} x_{it} + \boldsymbol{v}_{lk}^{\text{H}} \boldsymbol{n}_l \\ &= \underbrace{\sqrt{p_{lk}}\, \boldsymbol{v}_{lk}^{\text{H}} \boldsymbol{h}_{lk}^{l} x_{ik}}_{\text{期望信号}} + \underbrace{\sum_{\substack{t=1\\t\neq k}}^{K} \sqrt{p_{lk}}\, \boldsymbol{v}_{lk}^{\text{H}} \boldsymbol{h}_{lt}^{l} x_{it}}_{\text{小区内干扰}} + \underbrace{\sum_{\substack{i=1\\i\neq l}}^{L}\sum_{t=1}^{K} \sqrt{p_{it}}\, \boldsymbol{v}_{lk}^{\text{H}} \boldsymbol{h}_{it}^{l} x_{it}}_{\text{小区间干扰}} + \underbrace{\boldsymbol{v}_{lk}^{\text{H}} \boldsymbol{n}_l}_{\text{噪声}} \end{aligned} \tag{2.35}$$

式中，x_{it}表示第 i 个小区第 t 个用户发送的符号。由式（2.35）可知，经过检测处理后的信息分为 4 个部分：期望信号、小区内干扰、小区间干扰以及噪声。在第 l 基站的检测矩阵为 $\boldsymbol{V}_l = [\boldsymbol{v}_{l1} \cdots \boldsymbol{v}_{lK}] \in \mathbb{C}^{M\times K}$。在大规模 MIMO 系统中主要考虑线性检测方案，常用的线性检测方案有最大比合并（Maximum-Ratio Combining，MRC）、迫零（Zero-Forcing，ZF）以及最小均方误差（Minimum Mean-Square Error，MMSE）检测算法[14-18]

$$\boldsymbol{V}_l = \begin{cases} \hat{\boldsymbol{H}}_l^{1}, & \text{MRC} \\ \hat{\boldsymbol{H}}_l^{1} ((\hat{\boldsymbol{H}}_l^{1})^{\text{H}} \hat{\boldsymbol{H}}_l^{l})^{-1}, & \text{ZF} \\ \hat{\boldsymbol{H}}_l^{1} ((\hat{\boldsymbol{H}}_l^{1})^{\text{H}} \hat{\boldsymbol{H}}_l^{1} + \boldsymbol{I}_K)^{-1}, & \text{MMSE} \end{cases} \tag{2.36}$$

MRC 检测算法定义为最大化平均信号增益与检测向量范数之比，则由

$$\mathrm{E}\left[\frac{\boldsymbol{v}_{lk}^{\mathrm{H}}\boldsymbol{h}_{lk}^{l}}{\|\boldsymbol{v}_{lk}\|}\right]=\frac{\boldsymbol{v}_{lk}^{\mathrm{H}}\hat{\boldsymbol{h}}_{lk}^{l}}{\|\boldsymbol{v}_{lk}\|}\leqslant\|\hat{\boldsymbol{h}}_{lk}^{1}\| \tag{2.37}$$

式中，期望针对零均值信道估计误差。当 $\boldsymbol{v}_{lk}=\hat{\boldsymbol{h}}_{lk}^{1}$时，不等式（2.37）等号成立。

ZF 检测算法最小化平均小区内干扰，则由

$$\mathrm{E}[\boldsymbol{V}_l^{\mathrm{H}}\boldsymbol{H}_l^l\boldsymbol{P}_l^{1/2}\boldsymbol{x}_l]=\boldsymbol{V}_l^{\mathrm{H}}\boldsymbol{H}_l^l\boldsymbol{P}_l^{1/2}\boldsymbol{x}_l=((\hat{\boldsymbol{H}}_l^l)^{\mathrm{H}}\hat{\boldsymbol{H}}_l^l)^{-1}((\hat{\boldsymbol{H}}_l^l)^{\mathrm{H}}\hat{\boldsymbol{H}}_l^l)\boldsymbol{P}_l^{1/2}\boldsymbol{x}_l=\boldsymbol{P}_l^{1/2}\boldsymbol{x}_l \tag{2.38}$$

式中，期望针对零均值信道估计误差部分，第二个等式来自于 ZF 检测的定义。平均处理后的信号为

$$\boldsymbol{P}_l^{1/2}\boldsymbol{x}_l=[\sqrt{p_{l1}}x_{l1}\cdots\sqrt{p_{lK}}x_{lK}]^{\mathrm{T}} \tag{2.39}$$

由式（2.39）可以看出，上述包括小区内干扰。需要注意的是，$K\times K$ 维矩阵（$\hat{\boldsymbol{H}}_l^l$）^{H} $\hat{\boldsymbol{H}}_l^l$ 存在的条件是 $M\geqslant K$。针对多小区场景，ZF 检测的改进算法能够消除小区间干扰，具体算法描述参考文献［18］。

检测方案的目的是使检测后信号$\tilde{x}_{lk}$等于实际信号$\tilde{x}_{lk}$，由于噪声和估计误差的存在，检测信号与实际信号总是存在偏差，因此通信链路存在极限容量。假设实际信号 x_{lk}来自调制后的离散符号集合 $\mathcal{X}$(例如，Quadrature Amplitude Modulation，QAM)，$\tilde{x}_{lk}$为选自于集合 $x\in\mathcal{X}$ 中与 $\boldsymbol{v}_{lk}^{\mathrm{H}}\boldsymbol{y}_l$ 距离最小的符号

$$\tilde{x}_{lk}=\min_{x\in\mathcal{X}}\left|\boldsymbol{v}_{lk}^{\mathrm{H}}\boldsymbol{y}_l-\sqrt{\rho_{lk}}\boldsymbol{v}_{lk}^{\mathrm{H}}\hat{\boldsymbol{h}}_{lk}^{l}x\right| \tag{2.40}$$

式（2.40）能够用于计算误比特率以及相应的未编码系统指标。在实际通信系统中，非理想 CSI 条件下系统遍历容量的确切表达式很难获得，通过可以通过容量下界进行近似分析

在上行非理想 CSI 系统中，第 l 个小区内的第 k 个用户的遍历容量下界可以表示为

$$R_{lk}^{\mathrm{UL}}=\gamma^{\mathrm{UL}}\left(1-\frac{\tau_p}{\tau_c}\right)\log_2(1+\mathrm{SINR}_{lk}^{\mathrm{UL}}) \tag{2.41}$$

式中，上行检测信干噪比（Signal-to-Interference-plus-Noise Ratio，SINR）为

$$\mathrm{SINR}_{lk}^{\mathrm{UL}}=\frac{p_{lk}\left|\mathrm{E}[\boldsymbol{v}_{lk}^{\mathrm{H}}\boldsymbol{h}_{lk}^{l}]\right|^2}{\sum_{i=1}^{L}\sum_{t=1}^{K}p_{it}\mathrm{E}[\left|\boldsymbol{v}_{lt}^{\mathrm{H}}\boldsymbol{h}_{lt}^{l}\right|^2]-p_{lk}\left|\mathrm{E}[\boldsymbol{v}_{lk}^{\mathrm{H}}\boldsymbol{h}_{lk}^{l}]\right|^2+\sigma_{\mathrm{UL}}^2\mathrm{E}[\|\boldsymbol{v}_{lk}\|^2]} \tag{2.42}$$

由式（2.42）可知，在大规模 MIMO 系统中，任意用户的遍历信道容量与 SINR 中小尺度衰落的期望有关。式（2.42）中分子包含期望信号增益，分母包含三个不同的项：

1）所有信号平均功率，有多用户干扰和期望信号。

2）期望信号功率。

3）有效噪声功率。缩放因子 $1-\tau_p/\tau_c$ 为发送数据的时间长度。

此外，式（2.42）中的期望可以用于任意信道分布和检测方案。例如，当使用 MRC 检测方案时，针对大部分信道分布，期望信号 $\mathrm{E}[\boldsymbol{v}_{lk}^{\mathrm{H}}\boldsymbol{h}_{lk}^{l}]$ 随着 M^2 增加，而噪声项 $\sigma_{\mathrm{UL}}^2\mathrm{E}[\|\boldsymbol{v}_{lk}\|^2]$

随着 M 增加[19]。因此，在大规模 MIMO 系统下，噪声项相对于期望信号项可以忽略，上述性质来自于相干检测的阵列增益，这也是大规模 MIMO 系统中，导频污染是性能限制的唯一因素的原因。

为了证明上述性质，假设第 l 个基站与第 i 个小区的第 k 个用户间的衰落信道为非相关瑞利衰落

$$\boldsymbol{h}_{lk}^{l} \sim \mathcal{CN}(0, \beta_{lk}^{i} \boldsymbol{I}_M) \tag{2.43}$$

因此，由 $\overline{\boldsymbol{h}}_{ik}^{l} = \mathrm{E}[\boldsymbol{h}_{ik}^{l}] = \boldsymbol{0}$，意味着基站和用户间没有视距信道成分（Line-of-Sight，LoS）。这一特殊情况发生在富散射环境，信道不存在任何统计确定性方向。

此种情况下，LMMSE 估计可以化简为

$$\hat{\boldsymbol{h}}_{jk}^{l} = \frac{\sqrt{p_{jk}}\beta_{jk}^{l}}{\sum\limits_{i \in \mathcal{P}_j} p_{ik}\tau_p\beta_{ik}^{l} + \sigma_{\mathrm{UL}}^{2}} \boldsymbol{Y}_l^{\mathrm{pilot}} \varphi_{jk} \tag{2.44}$$

式中，$\mathcal{P}_j \subset \{1, \cdots, L\}$ 为小区下标集合，并且包含第 l 个小区。$\hat{\boldsymbol{h}}_{jk}^{l}$ 服从循环对称复高斯分布

$$\hat{\boldsymbol{h}}_{jk}^{l} \sim \mathcal{CN}(\boldsymbol{0}, (\beta_{jk}^{l} - \mathrm{MSE}_{jk}^{l}) \boldsymbol{I}_M) \tag{2.45}$$

估计信道 $\hat{\boldsymbol{h}}_{lk}^{l}$ 和 $\hat{\boldsymbol{h}}_{ik}^{l}$ 的关系为

$$\hat{\boldsymbol{h}}_{ik}^{l} = \frac{\sqrt{p_{ik}}\beta_{ik}^{l}}{\sqrt{p_{lk}}\beta_{lk}^{l}} \hat{\boldsymbol{h}}_{lk}^{l} \tag{2.46}$$

式中，i 和 l 为小区小标 $i \in \mathcal{P}_l$。式（2.46）表明第 l 基站不能区分发送导频序列的用户信道，这是引起大规模 MIMO 导频污染的主要原因，从而影响大规模 MIMO 系统性能。

此外，式（2.44）的 LMMSE 估计也是瑞利（Rayleigh）衰落信道的 MMSE，其原因在于信道是高斯分布。利用这些关键性质，MRC 和 ZF 检测的遍历容量为

$$R_{lk}^{\mathrm{UL}} = \gamma^{\mathrm{UL}} \left(1 - \frac{\tau_p}{\tau_c}\right) \log_2(1 + \mathrm{SINR}_{lk}^{\mathrm{UL}}) \tag{2.47}$$

式中，上行 SINR 为

$$\mathrm{SINR}_{lk}^{\mathrm{UL}} = \frac{G p_{lk}\beta_{lk}^{l} \dfrac{p_{lk}\tau_p\beta_{lk}^{l}}{\sum\limits_{i' \in \mathcal{P}_l} p_{i'k}\tau_p\beta_{i'k}^{l} + \sigma_{\mathrm{UL}}^{2}}}{G \sum\limits_{i \in \mathcal{P}_l/\{l\}} p_{ik}\beta_{ik}^{l} \dfrac{p_{ik}\tau_p\beta_{ik}^{l}}{\sum\limits_{i' \in \mathcal{P}_l} p_{i'k}\tau_p\beta_{i'k}^{l} + \sigma_{\mathrm{UL}}^{2}} + \sum\limits_{i=1}^{L}\sum\limits_{t=1}^{K} p_{it} z_{it}^{l} + \sigma_{\mathrm{UL}}^{2}} \tag{2.48}$$

式中，参数 G 和 z_{it}^{l} 依赖于选择方案。当选择 MRC 时，$G = M$，$z_{it}^{l} = \beta_{it}^{l}$；当选择 ZF 时，$G = M - K$，且有

$$z_{it}^{l} = \begin{cases} \mathrm{MSE}_{it}^{l}, & i \in \mathcal{P}_l \\ \beta_{it}^{l}, & \text{其他} \end{cases}$$

由式（2.48）可知，系统遍历容量受空间多用户复用和信道估计误差影响。首先，式（2.48）分子为期望信号，在 MRC 和 ZF 方案下，其值分别与 M 和 $M-K$ 成比例。阵列增益乘以接收信号功率以及相对信道估计量

$$\frac{p_{lk}\tau_p\beta_{lk}^{l}}{\sum_{i'\in\mathcal{P}_l}p_{i'k}\tau_p\beta_{i'k}^{l}+\sigma_{\mathrm{UL}}^{2}} \tag{2.49}$$

式（2.49）为0和1之间的值（1为完美 CSI，0为未知 CSI）。

2.3.2 下行预编码技术

考虑下行大规模 MIMO 系统，基站发送信息到用户。对于任意基站 l，$\boldsymbol{x}_l$ 为发送到本小区 K 用户的目标信道向量，将发送信息通过线性预编码处理后的信息为

$$\boldsymbol{x}_l=\sum_{t=1}^{K}\sqrt{\rho_{lt}}\boldsymbol{w}_{lt}s_{lt},\quad t=1,\cdots,K \tag{2.50}$$

式中，s_{lt}为发送到第 l 个小区第 t 个用户的信息，具有单位发射功率 $\mathrm{E}[|s_{lt}|^2]=1$；ρ_{lt}为发射端分配功率；$\boldsymbol{w}_{lt}\in\mathbb{C}^{M\times1}$为相应线性预编码向量。

因此，第 l 个小区第 k 个用户的接收信号可以表示为

$$y_{lk}=\sum_{i=1}^{L}(\boldsymbol{h}_{lk}^{i})^{\mathrm{H}}\boldsymbol{x}_i+n_{lk} \tag{2.51}$$

式中，$n_{lk}\sim\mathcal{CN}(0,\sigma_{\mathrm{DL}}^2)$ 为加性高斯白噪声。注意由于信道互易性，$\boldsymbol{h}_{lk}^{i}$是与上行的信道相同。由于在大规模 MIMO 系统中没有下行导频，假设用户只能获得信道的统计信息，缺少瞬时 CSI 会极大地减小普通 MIMO 系统性能，在大规模 MIMO 系统中有效的预编码能够随着天线增加迅速获得信道均值。因此，下行相干接收只需要统计 CSI，这使得在基站端可以使用低复杂度传输方案。由于遍历容量难以获得闭式表达式，下面将给出第 l 个小区第 k 个用容量下界

$$R_{lk}^{\mathrm{DL}}=\gamma^{\mathrm{DL}}\left(1-\frac{\tau_p}{\tau_c}\right)\log_2(1+\mathrm{SINR}_{lk}^{\mathrm{DL}}) \tag{2.52}$$

式中，下行的 SINR 为

$$\mathrm{SINR}_{lk}^{\mathrm{DL}}=\frac{\rho_{lk}|\mathrm{E}[(\boldsymbol{h}_{lk}^{l})^{\mathrm{H}}\boldsymbol{w}_{lk}]|}{\sum_{i=1}^{L}\sum_{t=1}^{K}\rho_{it}\mathrm{E}[|(\boldsymbol{h}_{lk}^{i})^{\mathrm{H}}\boldsymbol{w}_{it}|^2]-\rho_{lk}\rho_{lk}|\mathrm{E}[(\boldsymbol{h}_{lk}^{l})^{\mathrm{H}}\boldsymbol{w}_{lk}]|+\sigma_{\mathrm{DL}}^{2}} \tag{2.53}$$

下行遍历信道容量适用于任意信道分布和预编码向量。由于上下行信道具有互易性质，研究上下行性能间的关系是非常有意义的。式（2.52）所述下行遍历信道容量与式（2.41）所述上行遍历信道容量具有许多相似之处。除了发射功率和检测/预编码向量，期望信号项是相同的；干扰项具有相同的结构，但是信道向量和处理向量交换了位置，其原因在于上行干扰来自不同用户信道，而下行干扰来自于某一特定小区基站的相同信道。文

献［18］给出了下述上下行对偶性分析。

假设下行预编码向量为

$$\boldsymbol{w}_{lk} = \frac{\boldsymbol{v}_{lk}}{\sqrt{\mathrm{E}[\|\boldsymbol{v}_{lk}\|^2]}} \tag{2.54}$$

基于上行检测向量 $\boldsymbol{v}_{lk}$，任意给定上行发送功率 $p_{lt}(i=1,\cdots,L,t=1,\cdots,K)$，存在一个相应的下行发送功率集合，使得

$$\mathrm{SINR}_{lk}^{\mathrm{UL}} = \mathrm{SINR}_{lk}^{\mathrm{DL}} \tag{2.55}$$

对于所有的 l 和 k，由

$$\frac{\sum_{i=1}^{L}\sum_{t=1}^{K} p_{it}}{\sigma_{\mathrm{UL}}^2} = \frac{\sum_{i=1}^{L}\sum_{t=1}^{K} p_{it}}{\sigma_{\mathrm{DL}}^2} \tag{2.56}$$

如果下行功率分配根据上行功率，且下行预编码向量的选择根据上行检测向量，则上下行能够获得相同的性能。

鉴于上述针对上下行对偶的分析讨论，考虑 MRT 和 ZF 预编码作为主要的下行预编码方案

$$\boldsymbol{w}_{lk} = \begin{cases} \dfrac{\hat{\boldsymbol{h}}_{lk}^l}{\sqrt{\mathrm{E}[\|\hat{\boldsymbol{h}}_{lk}^l\|^2]}} & \mathrm{MRT} \\ \dfrac{\hat{\boldsymbol{H}}_l^l \boldsymbol{r}_{lk}}{\sqrt{\mathrm{E}[\|\hat{\boldsymbol{H}}_l^l \boldsymbol{r}_{lk}\|^2]}} & \mathrm{ZF} \\ \dfrac{\hat{\boldsymbol{H}}_l^l \boldsymbol{t}_{lk}}{\sqrt{\mathrm{E}[\|\hat{\boldsymbol{H}}_l^l \boldsymbol{t}_{lk}\|^2]}} & \mathrm{RZF} \end{cases} \tag{2.57}$$

式中，$\boldsymbol{r}_{lk}$ 为 $((\hat{\boldsymbol{H}}_l^l)^{\mathrm{H}}\hat{\boldsymbol{H}}_l^l)^{-1}$ 的第 k 列；$\boldsymbol{t}_{lk}$ 为 $((\hat{\boldsymbol{H}}_l^l)^{\mathrm{H}}\hat{\boldsymbol{H}}_l^l + M\alpha\boldsymbol{I}_M)^{-1}$ 的第 k 列；α 为正则化参数，当 M 和 K 趋近于无穷时，α 收敛于固定常量。

同样对于下行性能的分析，本节计算非相关瑞利衰落信道下行遍历容量的闭式表达式。由于信道互易性，基站对于上行的信道估计也可以用于下行。特别地，第 i 个小区和第 l 个小区估计信道 $\hat{\boldsymbol{h}}_{ik}^i$ 和 $\hat{\boldsymbol{h}}_{lk}^i(l\in\mathcal{P}_i)$ 有下述关系：

$$\hat{\boldsymbol{h}}_{lk}^i = \frac{\sqrt{p_{lk}}\beta_{lk}^i}{\sqrt{p_{ik}}\beta_{ik}^i}\hat{\boldsymbol{h}}_{ik}^i \tag{2.58}$$

因此，式（2.58）表明下行也存在导频污染问题，即第 i 个小区的第 k 个用户。对于瑞利衰落信道，下行遍历信道容量可表示为

$$R_{lk}^{\mathrm{DL}} = \gamma^{\mathrm{DL}}\left(1-\frac{\tau_p}{\tau_c}\right)\log_2(1+\mathrm{SINR}_{lk}^{\mathrm{DL}}) \tag{2.59}$$

式中，下行 SINR 为

$$\mathrm{SINR}_{lk}^{\mathrm{DL}}=\frac{G\rho_{lk}\dfrac{\rho_{lk}\tau_p\beta_{lk}^l}{\sum\limits_{i'\in\mathcal{P}_l}p_{i'k}\tau_p\beta_{i'k}^l+\sigma_{\mathrm{UL}}^2}}{G\sum\limits_{i\in\mathcal{P}_l/l}\rho_{ik}\beta_{lk}^i\dfrac{\rho_{lk}\tau_p\beta_{lk}^l}{\sum\limits_{i'\in\mathcal{P}_l}p_{i'k}\tau_p\beta_{i'k}^l+\sigma_{\mathrm{UL}}^2}+\sum\limits_{i=1}^{L}\sum\limits_{t=1}^{K}\rho_{it}z_{lk}^i+\sigma_{\mathrm{DL}}^2} \tag{2.60}$$

参数 G 和 z_{lk}^i用于决定预编码方案。当选择 MRT 预编码时，$G=M$ 和 $z_{lk}^i=\beta_{lk}^i$；当选择 ZF 预编码方案时，$G=M-K$，且

$$z_{lk}^i=\begin{cases}\mathrm{MSE}_{lk}^i, & i\in\mathcal{P}_l\\ \beta_{lk}^i, & \text{其他}\end{cases}$$

针对瑞利衰落信道，上述讨论表明 MRT 和 ZF 预编码的阵列增益、导频污染以及其他特征和上行类似。因此，式（2.47）、式（2.48）与式（2.59）、式（2.60）具有相似的形式。

在单小区场景中，上述非相关瑞利信道任意用户 k 遍历容量下界简化为

$$R_{lk}^{\mathrm{DL}}=\gamma^{\mathrm{DL}}\left(1-\frac{\tau_p}{\tau_c}\right)\log_2\left(1+\frac{G\rho_k p_k\tau_p\beta_k^2}{(p_k\tau_p\beta_k+\sigma_{\mathrm{UL}}^2)\left(z_k\sum\limits_{t=1}^{K}\rho_t+\sigma_{\mathrm{DL}}^2\right)}\right) \tag{2.61}$$

参数 G 和 z_{lk}^i用于决定预编码方案。当选择 MRT 预编码时，$G=M$ 和 $z_{lk}^i=\beta_{lk}^i$；当选择 ZF 预编码方案时，$G=M-K$，且 $z_k=\dfrac{\beta_k\sigma_{\mathrm{UL}}^2}{p_k\tau_p\beta_k+\sigma_{\mathrm{UL}}^2}$。

2.4 本章小结

本节介绍大规模 MIMO 基础理论，主要内容包括大规模 MIMO 系统性能指标、信道模型以及大规模 MIMO 传输技术。其中性能指标包括平均 SNR、中断概率、平均误符号率、衰落量以及平均中断周期。期中前两个为 MIMO 通信系统常用的性能指标；信道模型包括二维 MIMO 和三维 MIMO 信道模型，并通过实际基站天线 Kathein 742215 天线仿真出三维天线水平和垂直天线增益曲线图；传输技术包括上行检测和下行预编码技术，其中检测和预编码均考虑线性方案，上行检测方案包括 MRC、ZF、MMSE，下行预编码方案包括 MRT，ZF，RZF（类似于上行 MMSE 检测方案）。上述的基础理论将用于以后章节中关于复合衰落信道下大规模 MIMO 系统传输性能的分析。

参考文献

[1] J Proakis，M Salehi. 数字通信［M］. 2 版 . 张力军，张宗橙，宋荣方，等译 . 北京：电子工业出版社，2011.

[2] M K Simon, M S Alouini. Digital communication over fading channels [M]. 2nd. edition. New Jersey: Wiley, 2005.

[3] X Li, X Yang, L Li, et al. Performance analysis of distributed MIMO with ZF receivers over semi-correlated K fading channels [J]. accepted by IEEE Access, 2017.

[4] M Matthaiou, N D Chatzidiamanitis, G K Karagiannidis, et al. ZF detectors over correlated K fading MIMO channels [J]. IEEE Trans. Commun., 2011, 6(59): 1591-1603.

[5] A P Prudnikov, Y A Brychkov, O I Marichev. Integrals and series, volume 3: more special functions [M]. Gordon and Breach, 1990.

[6] G L Stuber. Principles of mobile communications [M]. 2nd. Boston: Kluwer Academic Publisher, 2011.

[7] 3GPP TR36. 873 V12. 0. 0. Study on 3D channel model for LTE (Release 12) [R]. 2014.

[8] 3GPP TR25. 996 V12. 1. 0. Spatial channel model for Multiple Input Multiple Output (MIMO) simulations (Release 12) [R]. 2013.

[9] WINNER II D1. 1. 2 V1. 2. WINNER II Channel Models [R]. 2007.

[10] X Cheng, B Yu, L Yang, et al. Communicating in the real world: 3D MIMO [J]. IEEE Trans. Wireless Commun., 2014, 8(21): 136-144.

[11] J Zhang, C Pan, F Pei, et al. Three-dimensional fading channels models: a survey of elevation angle research [J]. IEEE Commun. Mag., 2014, 6(52): 218-226.

[12] Kathrein, http://www. Kathrein. de

[13] N Shariati E Björnson, M Bengtsson, M. Debbah. Low-complexity polynomial channel estimation in large-scale MIMO with arbitrary statistics [J]. IEEE J. Sel. Top. Signal Process. 2014, 5(8): 815-830.

[14] H Q Ngo, E G Larsson, T L. Marzetta. energy and spectral efficiency of very large multiuser MIMO systems [J]. IEEE Trans. Commun., 2013, 4(61): 1436-1449.

[15] F Rusek, D Persson, B K Lau, et al. Scaling up MIMO: opportunities and challenges with very large arrays [J]. IEEE Signal Proc. Mag., 2013, 1(30): 40-60.

[16] L Lu, G Y Li, A Swindlehurst, et al. An Overview of Massive MIMO: Benefits and Challenges [J]. IEEE J Sel. Topics Signal Proc., 2014, 5(8): 742-758.

[17] L Bai, J Choi, Q Yuan. Low Complexity MIMO Receivers [M]. Springer Publishing Company, Incorporated, 2014.

[18] X Li, L Li, F Wen, et al. Sum Rate Analysis of MU-MIMO with a 3D MIMO Base Station Exploiting Elevation Features[J]. International Journal of Antennas and Propagation, 2015: 9.

[19] E Björnson, E Larsson M Debbah. Massive MIMO for maximal spectral efficiency: how many users and pilots should be allocated? [J]. IEEE Trans. Wireless Commun. 2016, 2(12): 1293-1308.

[20] H Ngo, E Larsson, T Marzetta. Aspects of favorable propagation in massive MIMO [C]. In Proc. EUSIPCO, 2014.

第3章

K复合衰落信道分布式大规模二维MIMO信道容量界

分布式 MIMO 系统性能不仅受多径衰落的影响，而且受到阴影衰落和路径损耗的影响。本章主要致力于非相关 K 复合衰落信道遍历容量研究。借助于盖优化和闵科夫斯基理论，推导出 K 复合衰落信道分布式 MIMO 系统遍历容量上下界的闭式表达式，所得上下界适用于任意 SNR 和收发天线数。为了进一步揭示系统和衰落参数对分布式 MIMO 性能的影响，本章接着进行高 SNR 和低 SNR 渐进性能分析。最后，本章针对基站天线数目趋于无穷和收发端天线数目趋于无穷两种情况下大规模 MIMO 系统的渐进性能进行分析。通过计算机进行仿真分析验证了理论分析的正确性。

3.1 研究背景

最近，分布式 MIMO 由于能够充分结合 MIMO 技术和分布式天线的优势而受到学术界和产业界的广泛关注[1-3]，这些优势可以通过分布在不同地理位置无线接入端口（Radio Aceess Port，RAP）部署多根天线获得。相对于集中式 MIMO 系统，分布式 MIMO 受到由于不同位置和接入距离产生的阴影衰落和路径损耗的影响，使得分布式 MIMO 性能分析成为挑战。然而，M. Dai 等人指出阴影衰落和路径损耗是评估分布式 MIMO 性能的关键因素[4-5]。因此，本章将研究复合衰落信道分布式 MIMO 系统容量性能。

在复合衰落信道中，瑞利/对数正态（Rayleigh/Lognormal，RLN）是最常见的复合衰落信道模型，RLN 被广泛应用于表征陆地和卫星无线衰落环境[6-7]。RLN 复合衰落信道主要的问题在于系统即时 SNR 的 PDF 没有闭式表达式，从而阻碍进一步分析其性能。为了解决这一问题，利用伽马（Gamma）分布函数近似对数正态分布函数，得到 K(Rayleigh/Gamma）复合衰落信道。实验测量表明 K 复合衰落信道能够很好地捕获各种类型的散射现象，例如自由空间无线电波、雷达、自由空间光通信等。

鉴于上述讨论，许多研究者致力于 K 复合衰落信道性能分析的研究。P. S. Bithas 研究任意衰落参数 K 复合衰落信道 MIMO 系统中断概率性能；T. S. B. Reddy 推导给出指数相关 K 复合衰落信道 MIMO 系统中断概率闭式表达式；M. Matthaiou 研究基于 ZF 接收器下的 K 复合衰落相关信道分布式 MIMO 性能，推导给出系统和速率、误符号率以及中断概率的闭式表达式。据作者所知，目前还没有 K 复合衰落信道下分布式 MIMO 系统信道遍历容量的相关研究。因此，本章将填补这项空白，研究非相关 K 复合衰落信道遍历容量界，推导给出信道容量上下界的闭式表达式。文章的主要贡献总结如下。

1）基于盖优化理论和闵科夫斯基理论，推导给出非相关 K 复合衰落信道分布式 MIMO 遍历容量的上下界闭式表达式。上界是通过 Wishart 矩阵特征值和对角线元素关系获得的，而下界是通过闵科夫斯基不等式推导给出的。

2）为了进一步揭示系统参数对遍历容量的影响，给出在高 SNR 和低 SNR 系统的渐进性能。低 SNR 情况下，本章通过研究两个关键的性能指标：可靠传输每比特信息所需最小能量和宽带斜率；高 SNR 情况下，小尺度衰落和大尺度衰落对系统的影响可以被有效地解耦合。

3）基于所得下界，研究当基站天线数趋于无穷和收发天线数以固定比趋于无穷情况下大规模 MIMO 系统渐进性能。研究证明在大规模 MIMO 情况下小尺度衰落的影响完全消除，系统和速率性能取决于阴影衰落和路径损耗。

3.2 系统模型与信道容量

3.2.1 分布式 MIMO 衰落模型

本章考虑一个通用上行分布式 MIMO 系统，包含一个 N_r 天线的基站和 L 个 N_t 天线的 RAP。假设 RAP 信道状态信息（Channel State Information，CSI）未知，而基站具有完美的 CSI，则最佳的发送方案为所有天线（LN_t）等功率发送信息，相应的输入输出关系为

$$\boldsymbol{y} = \sqrt{\frac{P}{LN_\mathrm{t}}}\boldsymbol{H}\boldsymbol{\Xi}^{1/2}\boldsymbol{x} + \boldsymbol{n} \tag{3.1}$$

式中，$\boldsymbol{y} \in \mathbb{C}^{N_\mathrm{r} \times 1}$ 和 $\boldsymbol{x} \in \mathbb{C}^{LN_\mathrm{t} \times 1}$ 分别为基站和 RAP 的接收和发送符号向量；$\boldsymbol{n} \in \mathbb{C}^{N_\mathrm{r} \times 1}$ 为 0 均值方差为 N_0 的加性高斯白噪声，N_0 为噪声功率。

随机矩阵 $\boldsymbol{H} \in \mathbb{C}^{N_\mathrm{r} \times LN_\mathrm{t}}$ 表示小尺度衰落，其元素为 0 均值单位方差的独立同分布高斯随机变量，则信号包络 $r = |h_{ij}|$ 服从瑞利分布[8-9]

$$p(r) = \frac{2r}{\Omega}\exp\left(-\frac{r^2}{\Omega}\right)U(r) \tag{3.2}$$

式中，$\Omega = \mathrm{E}[r^2]$ 为平均功率；$U(r)$ 为单位阶跃函数。在本书中，假设平均功率 Ω 为单位值。

对角矩阵 $\boldsymbol{\Xi} \in \mathbb{R}^{LN_\mathrm{t} \times LN_\mathrm{t}}$ 表征大尺度衰落，包括阴影衰落和路径损耗。大尺度衰落可表示为

$$\boldsymbol{\Xi} = \mathrm{diag}\{\xi_m / D_m^{v}\boldsymbol{I}_{N_\mathrm{t}}\}_{m=1}^{L} \tag{3.3}$$

式中，D_m 表示基站与第 m 个 RAP 的距离，$m = 1, \cdots, L$；$v \in [2, 5]$ 为路径损耗指数，表征信号随距离衰减的速率。阴影衰落系数 ξ_m 为服从伽马分布的随机变量，其 PDF 可表示为

$$p_\xi(\xi_m) = \frac{\xi_m^{k_m-1}}{\Gamma(k_m)\Omega_m^{k_m}}\exp\left(-\frac{\xi_m}{\Omega_m}\right), \quad \xi_m, \Omega_m, k_m \geqslant 0 \tag{3.4}$$

式中，k_m 和 $\Omega_m = \mathrm{E}[\xi_m]/k_m$ 分别表示伽马分布函数的形状参数和尺度参数；$\Gamma(\cdot)$ 为伽玛函数[10]。

3.2.2 信道容量

如前所述，考虑基站已知完美 CSI，且所有 RAP 的天线等功率发射信号。因此，分布式 MIMO 系统的遍历容量可表示为

$$C = \mathrm{E}\left[\log_2\left(\det\left(\boldsymbol{I} + \frac{\gamma}{LN_{\mathrm{t}}}\boldsymbol{W}\right)\right)\right] \tag{3.5}$$

式中，$\gamma = P/N_0$ 为平均发射功率，$\boldsymbol{W} = \boldsymbol{\Xi}^{1/2}\boldsymbol{H}^{\mathrm{H}}\boldsymbol{H}\boldsymbol{\Xi}^{1/2}$，期望操作针对所有随机变量矩阵 $\boldsymbol{H}$ 和 $\boldsymbol{\Xi}$。为了便于阐述，埃尔米特矩阵定义如下：

$$\boldsymbol{W} = \begin{cases} \boldsymbol{H}\boldsymbol{\Xi}\boldsymbol{H}^{\mathrm{H}} \\ \boldsymbol{\Xi}^{1/2}\boldsymbol{H}^{\mathrm{H}}\boldsymbol{H}\boldsymbol{\Xi}^{1/2} \end{cases} \tag{3.6}$$

在本章中，针对 $N_{\mathrm{r}} \geqslant LN_{\mathrm{t}}$ 的情况进行研究，所得结果通过下面的等式同样可以用于 $N_{\mathrm{r}} \leqslant LN_{\mathrm{t}}$ 的情况：

$$\det\left(\boldsymbol{I}_{LN_{\mathrm{t}}} + \frac{\gamma}{LN_{\mathrm{t}}}\boldsymbol{\Xi}^{1/2}\boldsymbol{H}^{\mathrm{H}}\boldsymbol{H}\boldsymbol{\Xi}^{1/2}\right) = \det\left(\boldsymbol{I}_{N_{\mathrm{r}}} + \frac{\gamma}{LN_{\mathrm{t}}}\boldsymbol{H}\boldsymbol{\Xi}\boldsymbol{H}^{\mathrm{H}}\right) \tag{3.7}$$

基于奇异值分解，式（3.5）的信道容量可以重新表示为

$$C = \mathrm{E}\left[\sum_{m=1}^{LN_{\mathrm{t}}}\log_2\left(1 + \frac{\gamma}{LN_{\mathrm{t}}}\lambda_m\right)\right] \tag{3.8}$$

式中，λ_m 为埃尔米特矩阵 $\boldsymbol{W}$ 的第 m 个特征值。

3.3 预备数学知识

本节介绍一些随机变量分布函数性质以及盖优化理论，这些性质和理论将用于分析非相关 K 复合衰落信道分布式 MIMO 系统的容量界。

3.3.1 随机变量分布

引理 3.1：假设 $X \sim \mathcal{R}(\Omega)$ 为瑞利衰落随机变量，则 $Y = X^2$ 为服从均值为 Ω 的指数分布，即 Y 的 PDF 为

$$p_Y(y) = \frac{1}{\Omega}\exp\left(-\frac{y}{\Omega}\right)U(y) \tag{3.9}$$

引理 3.2：假设 $\{X_i\}_{i=1}^{n}$ 为 n 个均值为 Ω 独立同分布的指数随机变量，则 $Y = \sum_{i=1}^{n} X_i$ 为服从形状参数为 n，尺度参数为 Ω 的伽马分布

$$Y = \sum_{i=1}^{n} X_i \sim \mathcal{G}(n, \Omega) \tag{3.10}$$

引理3.3：假设 $\{X_i\}_{i=1}^{n}$ 为 n 个尺度参数均为 Ω，形状参数为 μ_1，…，μ_n 的伽马随机变量，则

$$\sum_{i=1}^{n} X_i \sim \mathcal{G}\left(\sum_{i=1}^{n}\mu_i, \Omega\right) \tag{3.11}$$

3.3.2 盖优化理论

盖优化理论是不等式理论中极其有用的数学工具。近年来，盖优化理论被广泛应用无线通信领域，下述关于盖优化理论的相关结论将被应用于分析非相关 K 复合衰落信道分布式 MIMO 系统遍历容量上界。

引理3.4：假设 $\boldsymbol{R}$ 为一个埃尔米特矩阵，其对角线元素组成的向量为 $\boldsymbol{d}$，特征值向量为 $\boldsymbol{\lambda}$，则由

$$\boldsymbol{\lambda} < \boldsymbol{d} \tag{3.12}$$

引理3.5：假设 φ 为实数域上的实值函数，如果 g 是定义在实数域的一个凹函数，则

$$\varphi = \sum_{i=0}^{n} g(x_i) \tag{3.13}$$

为舒尔凹函数。同样地，如果 g 为实数域上的凸函数，则 φ 为舒尔凸函数。

引理3.6：假设 φ 为实数域上的一个实值函数，φ 可表示为

$$\varphi = \sum_{i=0}^{n} \log_2(1+\alpha x_i), \quad \alpha > 0 \tag{3.14}$$

则 φ 是舒尔凹函数。

3.4 分布式 MIMO 容量界

本节研究非相关 K 复合衰落信道分布式 MIMO 遍历容量，该复合衰落信道同时考虑多径衰落、阴影衰落和路径损耗。借助于盖优化理论[11]和闵科夫斯基理论[12]，推导给出分布式 MIMO 系统遍历容量的上界和下界的闭式表达式。为了进一步分析系统和衰落参数对性能的影响，分析高和低 SNR 下遍历容量的渐进性能。

3.4.1 遍历容量上界

利用 C. C. Cavalcante 成果中的相关结论，本节推导出的非相关 K 复合衰落信道分布式 MIMO 系统遍历容量上界，相关结论将由定理 3.1 给出。

定理3.1：非相关 K 复合衰落信道下，分布式 MIMO 系统遍历容量的上界可表示为

$$\overline{C} = \frac{1}{\ln 2\,\Gamma(N_{\mathrm{r}})}\sum_{m=1}^{LN_{\mathrm{t}}}\frac{1}{\Gamma(k_m)}\mathrm{G}_{42}^{14}\left[\frac{\gamma\Omega_m}{LN_{\mathrm{t}}D_m^{\upsilon}}\middle|\begin{matrix}1-k_m,1-N_{\mathrm{r}},1,1\\1,0\end{matrix}\right] \tag{3.15}$$

式中，G[·] 为梅杰 G 函数[10]。

证明：为了证明方便，将式（3.8）重新表述如下：

$$C = \mathrm{E}\left[\sum_{m=1}^{LN_t}\log_2\left(1+\frac{\gamma}{LN_t}\lambda_m\right)\right] \tag{3.16}$$

假设 $\boldsymbol{\lambda}=(\lambda_1,\ \cdots,\ \lambda_{LN_t})$ 为埃尔米特矩阵 $\boldsymbol{W}$ 的特征值组成的向量，利用引理 3.4 ~ 3.6，分布式 MIMO 系统遍历容量的上界可表述为

$$\overline{C} = \mathrm{E}\left[\sum_{m=1}^{LN_t}\log_2\left(1+\frac{\gamma}{LN_t}d_m\right)\right] \tag{3.17}$$

式中，$\boldsymbol{d}=(d_1,\ \cdots,\ d_{LN_t})$ 为埃尔米特矩阵 $\boldsymbol{W}$ 的对角线元素组成的向量。

式（3.17）的遍历容量上界可以进一步表示为

$$\overline{C} = \sum_{m=1}^{LN_t}\mathrm{E}\left[\log_2\left(1+\frac{\gamma}{LN_tD_m^v}\chi_m\right)\right] \tag{3.18}$$

式中，χ_m 的 PDF 为 $p_{\chi_m}(\chi_m)$，随机变量 χ_m 包括多径衰落和阴影衰落，随机遍历 χ_m 可表示为

$$\chi_m = \xi_m\zeta_m \tag{3.19}$$

ξ_m 为阴影衰落系统，其 PDF 由式（3.4）表示；根据引理 3.1 ~ 3.3，可得 ζ_m 的 PDF 为

$$p(\zeta) = \frac{\zeta^{N_r-1}}{\Gamma(N_r)}\exp(-\zeta),\quad \zeta\geqslant 0 \tag{3.20}$$

因此，式（3.18）的遍历容量上界可进一步表示为

$$\overline{C} = \frac{1}{\ln 2}\sum_{m=1}^{LN_t}\mathrm{E}\left[\ln\left(1+\frac{\gamma}{LN_tD_m^v}\zeta\xi_m\right)\right] \tag{3.21}$$

利用对数函数与梅杰-G 函数关系，式（3.21）中的对数函数可以表示为梅杰函数形式

$$\ln(1+x) = \mathrm{G}_{22}^{12}\left[x\left|\begin{matrix}1,1\\1,0\end{matrix}\right.\right] \tag{3.22}$$

结合式（3.4）、式（3.20）和式（3.22），式（3.21）的遍历信道容量的上界可表示为以下积分形式：

$$\overline{C} = \frac{1}{\ln 2}\sum_{m=1}^{LN_t}\int_0^\infty\int_0^\infty \mathrm{G}_{22}^{12}\left[\frac{\gamma\zeta\xi_m}{LN_tD_m^v}\left|\begin{matrix}1,1\\1,0\end{matrix}\right.\right]p_\zeta(\zeta)p_{\xi_m}(\xi_m)d_\zeta d_{\xi_m} \tag{3.23}$$

连续利用下述文献［10］的结论：

$$\int_0^\infty x^{-\rho}\exp(-\beta x)\mathrm{G}_{pq}^{mn}\left[\alpha x\left|\begin{matrix}a_1,\cdots,a_p\\b_1,\cdots,b_q\end{matrix}\right.\right]\mathrm{d}x = \beta^{\rho-1}\mathrm{G}_{p+1,q}^{m,n+1}\left[\frac{\alpha}{\beta}\left|\begin{matrix}\rho,a_1,\cdots,a_p\\b_1,\cdots,b_q\end{matrix}\right.\right] \tag{3.24}$$

基于简单的算术操作，可以得到定理 3.1 的结论。证明完毕。

定理 3.1 表明所得遍历容量上界为梅杰-G 函数，能够利用标准的数学仿真软件进行有

效评估，例如 Mathematica 或 Maple。当 $L=1$ 和 $\boldsymbol{\Xi}=\boldsymbol{I}_{N_t}$ 时，式（3.15）退化为 C. C. Cavalcante中定理 1 的相关结论。

尽管式（3.15）提供了遍历容量的闭式表达式，但是没有揭示系统和衰落性能对遍历容量的影响。鉴于此，本节将对高 SNR 和低 SNR 下渐进性能进行分析。

推论 3.1：高 SNR 情况下，非相关 K 复合衰落信道分布式 MIMO 系统遍历容量的上界可表示为

$$\begin{aligned}\overline{C}^{\mathrm{H}} &= LN_t\log_2\left(\frac{\gamma}{LN_t}\right)+LN_t\frac{\varphi(N_r)}{\ln 2}\\&\quad+N_t\sum_{m=1}^{L}\left[\frac{\varphi(k_m)}{\ln 2}+\log_2(\Omega_m)-v\log_2(D_m)\right]\end{aligned}\tag{3.25}$$

式中，$\varphi(x)=\mathrm{d}\ln(\Gamma(x))/\mathrm{d}x$ 为双伽马函数[10]。

证明：在高 SNR 情况下（$\gamma\to\infty$），对数中的主项为 $\gamma\chi_m/LN_tD_m^v$。因此，函数 $\log_2(1+\gamma\chi_m/LN_tD_m^v)$ 被 $\log_2(\gamma\chi_m/LN_tD_m^v)$ 近似。相应地，利用下面的积分等式：

$$\int_0^\infty x^{v-1}\exp(-\mu x)\ln x\mathrm{d}x=\frac{\Gamma(v)}{\mu^v}[\varphi(v)-\ln\mu],\quad \mathrm{Re}(\mu,v)>0\tag{3.26}$$

$$\int_0^\infty x^{v-1}\exp(-\mu x)\mathrm{d}x=\frac{\Gamma(v)}{\mu^v},\quad \mathrm{Re}(\mu,v)>0\tag{3.27}$$

通过一些化简操作，可以得到推论 3.1 的结论。

上述推论表明，在高 SNR 下，大尺度衰落和小尺度衰落的影响将被解耦合，与文献［2］的结论一致。此外，所得遍历容量的上界随着发射功率线性增加。最后，研究发现基站天线 N_r，阴影衰落的尺度参数 k_m 和形状参数 Ω_m 对遍历容量有益，而收发端距离产生的路径损耗对系统遍历容量有害。

一般情况下，低 SNR 性能可以通过对所得容量上界进行一阶泰勒展开，并令发射 SNR 趋于 $0(\gamma\to\infty)$ 获得。文献［13］研究表明这种方法不能反应系统参数对性能的影响，并产生错误的结论。鉴于此，S. Verdure 提出一种新的分析低 SNR 性能的分析方法[13]，该方法通过分析每比特信息发送归一化能量而不是功率。因此，低 SNR 情况下，分布式 MIMO 系统遍历容量可表示为

$$\overline{C}^{L}\left(\frac{E_b}{N_0}\right)\approx\mathcal{S}_0\log_2\left(\frac{\frac{E_b}{N_0}}{\frac{E_b}{N_{0\min}}}\right)\tag{3.28}$$

$$\frac{E_b}{N_{0\min}}=\frac{1}{\overline{C}'(0)},\quad \mathcal{S}_0=-\frac{2}{\log_2(e)}\frac{(\overline{C}'(0))^2}{\overline{C}''(0)}\tag{3.29}$$

式中，$E_b/N_{0\min}$为可靠传输每比特信息所需要最小归一化能量；$\mathcal{S}_0$ 为遍历容量的宽带斜率；

$\overline{C}'(0)$ 和 $\overline{C}''(0)$ 分别为所得遍历容量上界的第一、二阶导数。

推论 3.2：低 SNR 情况下，可靠传输每比特信息所需要最小归一化能量和宽带斜率可表示为

$$\frac{E_{\mathrm{b}}}{N_{0\min}} = \frac{L\ln 2}{N_{\mathrm{r}}}\left(\sum_{m=1}^{L}\frac{k_m\Omega_m}{D_m^{\upsilon}}\right)^{-1} \tag{3.30}$$

$$\mathcal{S}_0 = \frac{2N_{\mathrm{r}}N_{\mathrm{t}}}{(N_{\mathrm{r}}+1)}\frac{\left(\sum\limits_{m=1}^{L}\frac{k_m\Omega_m}{D_m^{\upsilon}}\right)^2}{\sum\limits_{m=1}^{L}\frac{\Omega_m^2k_m(k_m+1)}{D_m^{2\upsilon}}} \tag{3.31}$$

证明：式（3.21）的式子重新表述如下：

$$\overline{C} = \frac{1}{\ln 2}\sum_{m=1}^{LN_{\mathrm{t}}}\mathrm{E}\left[\ln\left(1+\frac{\gamma}{LN_{\mathrm{t}}D_m^{\upsilon}}\zeta\xi_m\right)\right] \tag{3.32}$$

求式（3.32）关于 $\gamma\to 0$ 的一、二阶导数为

$$\begin{aligned}\overline{C}'(0) &= \frac{1}{\ln 2}\sum_{m=1}^{LN_{\mathrm{t}}}\mathrm{E}\left[\left.\frac{\frac{\zeta\xi_m}{LN_{\mathrm{t}}D_m^{\upsilon}}}{1+\frac{\gamma}{LN_{\mathrm{t}}D_m^{\upsilon}}\zeta\xi_m}\right|_{\gamma=0}\right] \\ &= \frac{1}{LN_{\mathrm{t}}\ln 2}\sum_{m=1}^{LN_{\mathrm{t}}}\mathrm{E}\left[\frac{\zeta\xi_m}{D_m^{\upsilon}}\right]\end{aligned} \tag{3.33}$$

$$\begin{aligned}\overline{C}''(0) &= \frac{-1}{\ln 2}\sum_{m=1}^{LN_{\mathrm{t}}}\mathrm{E}\left[\left.\frac{\left(\frac{\zeta\xi_m}{LN_{\mathrm{t}}D_m^{\upsilon}}\right)^2}{\left(1+\frac{\gamma}{LN_{\mathrm{t}}D_m^{\upsilon}}\zeta\xi_m\right)^2}\right|_{\gamma=0}\right] \\ &= \frac{-1}{(LN_{\mathrm{t}})^2\ln 2}\sum_{m=1}^{LN_{\mathrm{t}}}\mathrm{E}\left[\frac{\zeta^2\xi_m^2}{D_m^{2\upsilon}}\right]\end{aligned} \tag{3.34}$$

利用期望的定义和式（3.27）的结论，式（3.33）和式（3.44）可以进一步化简为

$$\overline{C}'(0) = \frac{N_{\mathrm{r}}}{LN_{\mathrm{t}}\ln 2}\sum_{m=1}^{LN_{\mathrm{t}}}\left(\frac{k_m\Omega_m}{D_m^{\upsilon}}\right) \tag{3.35}$$

$$\overline{C}''(0) = -\frac{N_{\mathrm{r}}(N_{\mathrm{r}}+1)}{(LN_{\mathrm{t}})^2\ln 2}\sum_{m=1}^{LN_{\mathrm{t}}}\left(\frac{\Omega_m^2k_m(k_m+1)}{D_m^{2\upsilon}}\right) \tag{3.36}$$

将式（3.35）和式（3.36）代入式（3.28）和式（3.29），通过一些化简操作，可以得到推论 3.2 的结论。证明完毕。

推论 3.2 表明：可靠传输每比特信息所需的最小归一化能量由基站天线数目 N_{r}、RAP 数目 L、阴影衰落参数 k_m 和 Ω_m、路径损耗参数 D_m 和 υ 决定，而与每个 RAP 的天线数无

关，与 A. Lozano 等人的结论一致。当 $\boldsymbol{\Xi}=\boldsymbol{I}_{LN_t}$ 和 $L=1$ 时，两个性能指标退化为$E_b/N_{0\min}=L\ln2/N_r$ 和 $\mathcal{S}_0=2N_rN_t/(N_r+1)$，与 M. Matthaiou 和 C. Zhong 的结论一致。

3.4.2 遍历容量下界

本节给出非相关 K 复合衰落信道分布式 MIMO 系统遍历容量下界的闭式表达式。相关的结论将由下面的定理给出。

定理 3.2：非相关 K 复合衰落信道，分布式 MIMO 系统遍历容量下界可表示为

$$\begin{aligned}\underline{C}=&LN_t\log_2\left(1+\frac{\gamma}{LN_t}\exp\left(\frac{1}{LN_t}\sum_{m=0}^{LN_t-1}\varphi(N_r-m)\right.\right.\\&\left.\left.+\frac{1}{L}\sum_{m=1}^{L}(\varphi(k_m)+\ln(\Omega_m)-v\ln(D_m))\right)\right)\end{aligned}\tag{3.37}$$

证明：利用闵科夫斯基不等式，式（3.5）分布式 MIMO 系统遍历容量下界可表示为

$$\underline{C}\geqslant LN_t\log_2\left(1+\frac{\gamma}{LN_t}\exp\left(\frac{1}{LN_t}\mathrm{E}[\ln\det(\boldsymbol{W})]\right)\right)\tag{3.38}$$

利用下列方阵行列式性质：

$$\det(\boldsymbol{AB})=\det(\boldsymbol{A})\det(\boldsymbol{B})\tag{3.39}$$

式（3.38）中遍历容量下界可进一步表示为

$$\underline{C}=LN_t\log_2\left(1+\frac{\gamma}{LN_t}\exp\left(\frac{1}{LN_t}\underbrace{\mathrm{E}[\ln\det(\boldsymbol{\Xi})]}_{①}+\frac{1}{LN_t}\underbrace{\mathrm{E}[\ln\det(\boldsymbol{H}^{\mathrm{H}}\boldsymbol{H})]}_{②}\right)\right)\tag{3.40}$$

由于大尺度衰落矩阵为对角阵，从而式（3.40）中①可以化简为

$$\begin{aligned}①&=\mathrm{E}\left[\ln\left(\prod_{m=1}^{LN_t}\xi_mD_m^{-v}\right)\right]\\&=\sum_{m=1}^{LN_t}\mathrm{E}[\ln(\xi_m)]-v\sum_{m=1}^{LN_t}\ln(D_m)\\&\overset{(a)}{=}\sum_{m=1}^{LN_t}(\varphi(k_m)+\ln(\Omega_m)-v\ln(D_m))\end{aligned}\tag{3.41}$$

式中，(a) 利用式（3.4）中的阴影衰落系数的 PDF 和式（3.26）的结论。

基于统计分布的相关结论，式（3.40）中的②可进一步化简为

$$\mathrm{E}[\ln(\det(\boldsymbol{H}^{\mathrm{H}}\boldsymbol{H}))]=\sum_{m=1}^{LN_t-1}\varphi(N_r-m)\tag{3.42}$$

将式（3.41）与式（3.42）代入式（3.40），可以得到定理 3.2 的结论。证明完毕。

定理 3.2 表明所得遍历容量下界随着基站天线数、衰落参数 k_m 和发射功率 γ 单调递增，而随着收发端距离单调递减。此外，所得上界能够充分耦合大尺度衰落和小尺度衰落。

为了获得系统和衰落参数对性能的影响，我们将针对高 SNR 下渐进性能进行研究，具

体结论如下述推论所述。

推论 3.3：高 SNR 情况下，非相关 K 复合衰落信道分布式 MIMO 系统容量的下界趋近于

$$\begin{aligned}\underline{C}^{\mathrm{H}} &= LN_{\mathrm{t}}\log_2\left(\frac{\gamma}{LN_{\mathrm{t}}}\right) + \frac{1}{\ln 2}\sum_{m=0}^{LN_{\mathrm{t}}-1}\varphi(N_{\mathrm{r}} - m) \\ &\quad + N_{\mathrm{t}}\sum_{m=1}^{L}\left(\frac{\varphi(k_m)}{\ln 2} + \log_2(\Omega_m) - \upsilon\log_2(D_m)\right)\end{aligned} \tag{3.43}$$

证明：在高 SNR 情况下（$\gamma\to\infty$），式（3.28）对数中的主项为

$$\frac{\gamma}{LN_{\mathrm{t}}}\exp\left(\frac{1}{LN_{\mathrm{t}}}\sum_{m=0}^{LN_{\mathrm{t}}-1}\varphi(N_{\mathrm{r}} - m) + \frac{1}{L}\sum_{m=1}^{L}(\varphi(k_m) + \ln(\Omega_m) - \upsilon\ln(D_m))\right)$$

通过一些化简操作，可以得到推论 3.3 的结论。证明完毕。

对比推论 3.1 和 3.3 的结论，除了小尺度衰落，两个推论具有相似的表现形式。此外，根据双 Gamma 函数的性质，当基站天线数趋于无穷时（$N_{\mathrm{r}}\to\infty$），式（3.16）和式（3.43）具有相同的表达式。

为了获得分布式 MIMO 系统的分集阶数，给出高 SNR 下遍历容量下界的射线展开，具体表达式为

$$\underline{C}^{\infty} = \mathcal{S}_{\infty}(\log_2(\gamma) - \mathcal{L}_{\infty}) + o(1) \tag{3.44}$$

式中，$\mathcal{S}_{\infty}$ 和 $\mathcal{L}_{\infty}$ 分别为 3dB 宽带斜率和功率偏移，可表示为

$$\mathcal{S}_{\infty} = \lim_{\gamma\to\infty}\frac{\underline{C}^{\infty}}{\log_2(\gamma)} \tag{3.45}$$

$$\mathcal{L}_{\infty} = \lim_{\gamma\to\infty}\left(\log_2(\gamma) - \frac{\underline{C}^{\infty}}{\mathcal{S}_{\infty}}\right) \tag{3.46}$$

推论 3.4：高 SNR 情况下，宽带斜率和功率偏移可表示为

$$\mathcal{S}_{\infty} = LN_{\mathrm{t}} \tag{3.47}$$

$$\begin{aligned}\mathcal{L}_{\infty} &= \log_2(LN_{\mathrm{t}}) - \frac{1}{LN_{\mathrm{t}}\ln 2}\sum_{m=0}^{LN_{\mathrm{t}}-1}\varphi(N_{\mathrm{r}} - m) \\ &\quad - \frac{1}{L}\sum_{m=1}^{L}\left(\frac{\varphi(k_m)}{\ln 2} + \log_2(\Omega_m) - \upsilon\log_2(D_m)\right)\end{aligned} \tag{3.48}$$

证明：利用文献［7］的相关结论可知，宽带斜率和功率偏移参数为

$$\mathcal{S}_{\infty} = p \tag{3.49}$$

$$\begin{aligned}\mathcal{L}_{\infty} &= \log_2(p) - \frac{1}{p\ln 2}\sum_{m=1}^{p}\mathrm{E}[\ln([\boldsymbol{\Xi}]_{mm}) - \ln(\det(\boldsymbol{H}_m^{\mathrm{H}}\boldsymbol{H}_m))] \\ &\quad + \log_2(\det(\boldsymbol{H}^{\mathrm{H}}\boldsymbol{H}))\end{aligned} \tag{3.50}$$

式中，$p=\min\{N_{\mathrm{r}}, LN_{\mathrm{t}}\}$。

将式（3.41）和式（3.42）代入式（3.50），通过一些化简操作，可以得到推论3.4的相关结论。证明完毕。

推论3.4表明高SNR宽带斜率与基站天线数（N_r）、阴影衰落参数（k_m、Ω_m）、路径损耗参数（D_m、υ）无关。在高SNR功率偏移（$\mathcal{L}_\infty$）情况下，小尺度和大尺度衰落能被解耦和。此外，由于路径损耗的存在，分布式MIMO系统性能随着基站与接入端口的增加而减少。

3.4.3 大规模MIMO渐进性能

大规模MIMO由于具有高频谱效率和能量效率而成为5G移动通信关键技术之一[14、15]。接下来，本小节针对定理3.2中的下界研究大规模MIMO系统渐进性能。

为了对大规模MIMO系统性能以及参数对系统性能的影响进行深入分析，主要考虑以下三种情况。

1）固定接入端口数L和每个接入端口的天线数N_t，令基站天线数趋于无穷$N_r \to \infty$：直观地，当基站天线数趋于无穷时，基站端可以获得无限功率，即定理3.2中的遍历信道容量下界趋于无穷。

推论3.5：固定L和N_t，令$N_r \to \infty$，分布式MIMO遍历信道容量下界趋于

$$\underline{C} = LN_t \log_2\left(1 + \frac{\gamma N_r}{LN_t}\exp\left(\frac{1}{L}\left(\sum_{m=1}^{L}(\varphi(k_m) + \ln(\Omega_m) - \upsilon\ln(D_m))\right)\right)\right) \tag{3.51}$$

证明：利用下列等式[15]：

$$\varphi(x) \approx \ln(x), \quad x \to \infty \tag{3.52}$$

将式（3.52）代入定理3.2中的式（3.37），通过一些化简操作，可以得到式（3.51）的结论。证明完毕。

从式（3.51）的结论可知，随着基站天线数趋于无穷，小尺度衰落对系统性能的影响逐渐被消除，类似的结论参考文献［2］。再者，遍历容量的下界随着基站天线数增加而增加。

2）固定接入端口数L，接收和发送天线数目比$\kappa = N_r/LN_t > 1$，令基站天线数N_r和每个接入端口的天线数N_t趋于无穷。

推论3.6：固定L和κ，令N_r，$N_t \to \infty$，分布式MIMO系统遍历容量下界趋近于

$$\underline{C} = LN_t \log_2\left(1 + \frac{\gamma\kappa^{\kappa}\exp(-1)}{(\kappa-1)^{\kappa-1}}\exp\left(\frac{1}{L}\left(\sum_{m=1}^{L}(\varphi(k_m) + \ln(\Omega_m) - \upsilon\ln(D_m))\right)\right)\right) \tag{3.53}$$

证明：利用式（3.52），式（3.37）中指数函数内第一项可进一步表示为

$$\frac{1}{LN_{\mathrm{t}}}\sum_{m=0}^{LN_{\mathrm{t}}-1}\varphi(N_{\mathrm{r}}-m)\approx\ln(N_{\mathrm{r}})+\frac{1}{LN_{\mathrm{t}}}\sum_{m=0}^{LN_{\mathrm{t}}-1}\ln\left(1-\frac{m}{N_{\mathrm{r}}}\right) \tag{3.54}$$

根据期望定义，式（3.54）中等式右端第二项表重新表述为

$$\frac{1}{LN_{\mathrm{t}}}\sum_{m=0}^{LN_{\mathrm{t}}-1}\ln\left(1-\frac{m}{N_{\mathrm{r}}}\right)=\frac{1}{LN_{\mathrm{t}}}\int_{0}^{LN_{\mathrm{t}}}\ln\left(1-\frac{m}{N_{\mathrm{r}}}\right)\mathrm{d}m \tag{3.55}$$

利用下列的积分等式：

$$\int_{0}^{m}\ln\left(1-\frac{x}{n}\right)\mathrm{d}x=(m-n)\ln\left(1-\frac{m}{n}\right)-m,\quad n>m \tag{3.56}$$

将式（3.54）、式（3.55）和式（3.56）代入式（3.37），通过一些化简操作，可以得到推论3.6的结论。证明完毕。

由推论3.6可得，遍历容量的渐进下界随着接入端口数N_{t}呈线性增加，随着发射功率γ呈对数增加，而随着基站和接入端口间距离呈对数减少。

3）固定每个接入端口天线数目N_{t}和收发端天线比$\kappa=N_{\mathrm{r}}/LN_{\mathrm{t}}>1$，令接入端口数$L$和基站天线数$N_{\mathrm{r}}$趋于无穷：此种情况等价于所有用户独立均匀地分布于小区内。假设阴影衰落参数为固定常量，即$k_m=k$和$\Omega_m=\Omega_0$。因此，基站和接入端口间的距离的PDF为[5]

$$p_D(x)=\frac{2x}{R_0^2-r_0^2},\quad r_0\leqslant x\leqslant R_0 \tag{3.57}$$

式中，R_0和r_0分别为小区半径和接入端口与基站的最近距离。

推论3.7：固定N_{t}和κ，令L，$N_{\mathrm{r}}\to\infty$，分布式MIMO系统遍历容量下界收敛于

$$\underline{C}=LN_{\mathrm{t}}\log_2\left(1+a\exp\left(\upsilon\left(\frac{1}{2}-\frac{R_0^2\ln(R_0)-r_0^2\ln(r_0)}{R_0^2-r_0^2}\right)\right)\right) \tag{3.58}$$

式中，$a=\gamma\Omega_0\kappa^{\kappa}(\kappa-1)^{1-\kappa}\exp(\varphi(k)-1)$。

证明：基于式（3.57）中关于接入端口分布的假设，推论3.6的结论可进一步表示为

$$\underline{C}=LN_{\mathrm{t}}\log_2\left(1+\gamma\Omega_0\kappa^{\kappa}(\kappa-1)^{1-\kappa}\mathrm{e}^{\varphi(k)-1}\exp\left(\underbrace{\frac{1}{L}\left(\sum_{m=1}^{L}(-\upsilon\ln(D_m))\right)}_{③}\right)\right) \tag{3.59}$$

利用概率论中期望与平均的关系，式（3.59）中的③能够表示为期望形式

$$③=\mathcal{E}[-\upsilon\ln(D_m)] \tag{3.60}$$

根据式（3.57）中接入端口分布的PDF和期望定义，式（3.60）可进一步写成积分形式

$$③=\frac{-2\upsilon}{R_0^2-r_0^2}\int_{r_0}^{R_0}D_m\ln(D_m)\mathrm{d}D_m \tag{3.61}$$

利用下述的积分等式：

$$\int_{m}^{n}x\ln(x)\mathrm{d}x=\frac{n^2\ln(n)-m^2\ln(m)}{2}-\frac{n^2-m^2}{4},\quad n>m>0 \tag{3.62}$$

结合式（3.60）、式（3.61）和式（3.62），通过简单的化简操作，可以得到推论3.7的结论。证明完毕。

推论7表明式（3.58）是一个通用结论，能够适用于收发端任意天线数。此外，式（3.58）还表明小区半径 R_0 越大遍历容量越小，基站与接入端口最小距离越大遍历信道容量越大。

3.5 仿真结果

本节将提供一些仿真结果用于验证理论分析的正确性。根据式（3.2）和式（3.4），通过100000次随机实现产生多径衰落矩阵 $\boldsymbol{H}$ 和阴影衰落矩阵 $\boldsymbol{\Xi}$，生成的随机矩阵用于获得式（3.5）的遍历信道容量的蒙特卡洛仿真结果。

在图3-1中，仿真给出了 K 复合衰落信道下分布式MIMO系统遍历容量、容量上界以及容量下界的逼近关系。本仿真的参数设置如下：$N_r=12$，24，60、$N_t=2$、$L=3$、$\Omega=1$、$k_m=1$、$\Omega_m=2$、$\upsilon=4$、$D_1=1000\text{m}$、$D_2=1500\text{m}$、$D_3=2000\text{m}$、$L=1$，…，L。明显地，式（3.15）遍历容量上界和式（3.23）遍历容量下界随着基站天线数的增加逐渐趋近于式（3.8）理论分析的遍历容量。遍历信道容量上界在所有SNR范围内与理论分析信道容量匹配较好，而遍历信道容量下界在高SNR情况下能够准确地匹配理论分析信道容量，本文分析结论与文献［8］的结论一致。此外，图3-1还表明高SNR下遍历信道容量的下界逼近程度要优于上界。当基站天线数为 $N_r=60$ 时，遍历信道容量的上界曲线与蒙特卡洛仿真曲线重合。在高SNR下，遍历信道容量下界几乎与蒙特卡洛仿真结果一致。

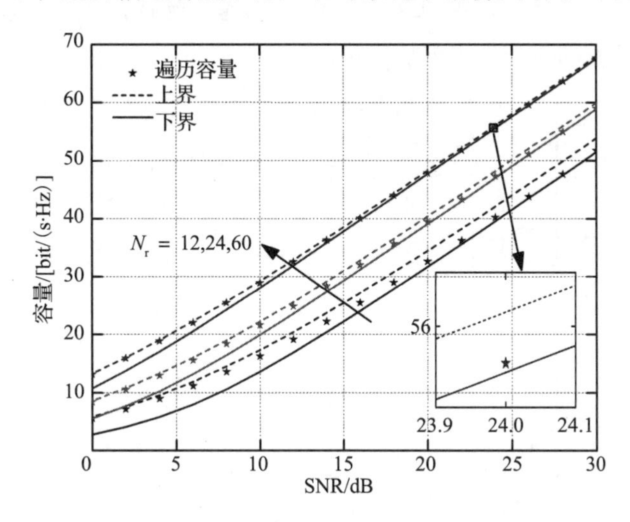

图3-1　分布式MIMO系统遍历信道容量与上下界逼近关系

在图3-2中，分析了高SNR情况下分布式MIMO系统遍历容量与其近似上下界的逼近

关系。仿真的参数设置与图 3-1 相同。正如 3.4 节的分析，在高 SNR 情况下，式（3.16）遍历容量上界和式（3.24）遍历容量下界能够准确逼近式（3.8）的理论分析遍历容量，并且随着基站天线数的增加逼近性能逐渐增强。

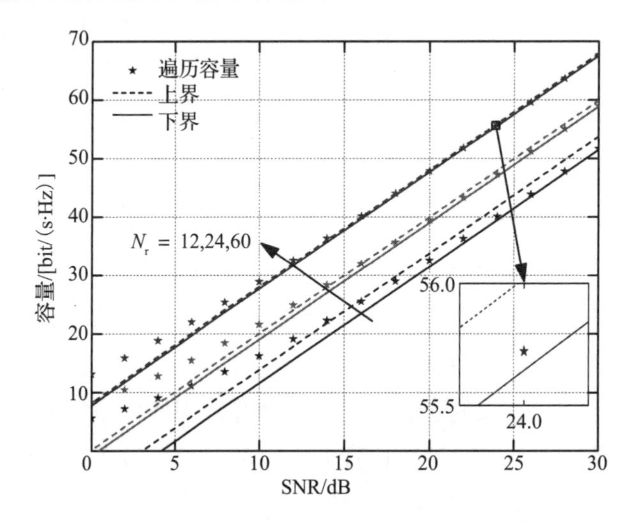

图 3-2　高 SNR 下分布式 MIMO 系统遍历信道容量与上下界逼近关系

在图 3-3 中，仿真给出了低 SNR 情况下不同收发天线数下分布式 MIMO 系统遍历信道容量与线性近似关系曲线图。为了便于解释说明，假设大尺度衰落矩阵为单位矩阵，即 $L=1$ 和 $\boldsymbol{\Xi}=\boldsymbol{I}_{LN_t}$。图 3-3 表明所需 E_b/N_0 随着基站天线数的增加而减少。此结论验证了推论 3.2 分析的正确性，此研究结论与 C. Zhong 的结论相一致。此外，图 3-3 还揭示出基站天线数和接入端口天线数大时，相应的宽带斜率 $\mathcal{S}_0$ 也大。最后，从图中还可以看出，低 SNR 情况下线性近似能够精确匹配理论分析结论。

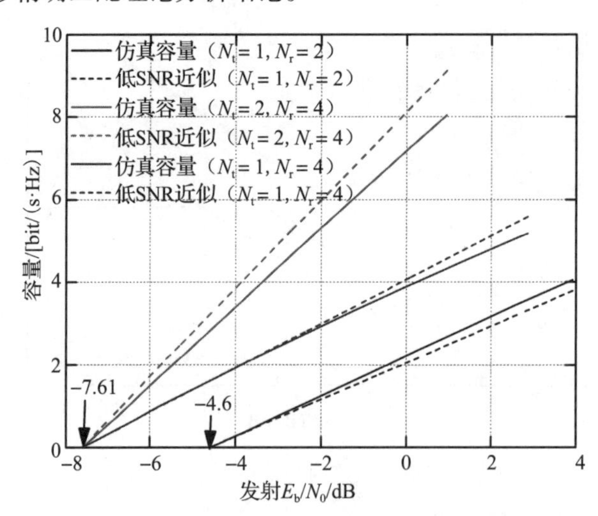

图 3-3　低 SNR 下分布式 MIMO 系统遍历容量与线性近似关系

在图3-4中，仿真给出了分布式大规模MIMO系统遍历容量、容量下界与渐进容量关系曲线。图3-4给出每个接入端口天线数为$N_t=1$和$N_t=2$两种情况。图3-4揭示出接入端口天线数增加能够有效增加分集增益和复用增益，从而增加分布式大规模MIMO系统遍历容量。此外，从上图还可以看出，分布式大规模MIMO系统遍历容量随着基站天线数增加而趋于无穷。最后，在大规模MIMO配置下，式（3.23）中的分布式MIMO系统遍历容量下界、式（3.30）渐进容量与式（3.5）中的蒙特卡洛仿真结论一致。

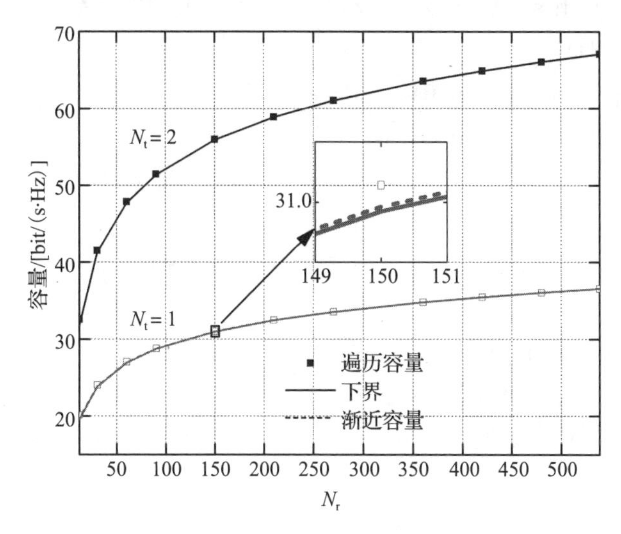

图3-4　分布式大规模MIMO系统遍历信道容量、容量下界与渐进容量关系

3.6　本章小结

本章研究空间非相关K复合衰落信道下分布式MIMO系统遍历容量性能。基于盖优化理论和闵可夫斯基理论，推导给出分布式MIMO系统遍历容量上界和下界的闭式表达式。分析和仿真证明所得系统上界和下界在整个SNR范围内能够充分逼近理论性能，并且随着基站天线数的增加逼近性能逐渐增强。在高SNR情况下，所推导的分布式MIMO系统遍历容量下界要优于上界。为了分析系统和衰落参数对分布式MIMO系统容量的影响，本章针对高/低SNR下系统容量上下界的渐进性能进行了分析。最后，本章详细分析了分布式大规模MIMO系统遍历容量渐进下界，推导给出系统遍历容量下界闭式表达式。上述分析包括瑞利多径衰落、伽马阴影衰落以及路径损耗，具有重大的现实意义。

参考文献

[1]　X Li, J Wang, L Li, et al. Capacity Bounds on the Ergodic Capacity of Distributed MIMO Systems over K Fading Channels[J]. KSII Transactions on Internet and Information Systems, 2016, 10 (7): 2992-3009.

[2] M Matthaiou, C Zhong, M R McKay, et al. Sum Rate Analysis of ZF Receivers in Distributed MIMO Systems[J]. IEEE J. Sel. Areas Commun., 2013, 2(31): 180-191.

[3] D Wang, J Wang, X You, et al. Spectral Efficiency of Distributed MIMO Systems[J]. IEEE J. Sel. Areas Commun., 2013, 10(31): 2112-2127.

[4] X Li, L Li, X Su, et al. Approximate Capacity Analysis of Distributed MIMO System over Generalized-K Fading Channels[J]. In Proc. IEEE Wireless Commun. Netw. Conf. (WCNC), 2015, 5: 235-240.

[5] 李兴旺，艾晓宇，张艳琴，等. K复合衰落信道下三维多用户 MIMO 系统性能分析[J]. 北京邮电大学学报，2016，5(39)：56-60.

[6] X Li, L Li, L Xie. Achievable Sum Rate Analysis of ZF Receivers in 3D MIMO Systems[J]. KSII Trans. Int. Inf. Systems, 2014, 4(8): 1368-1389.

[7] F Tan, H Gao, X Su, et al. Sum Rate Analysis for 3D MIMO with ZF Receivers in Ricean/Lognormal Fading Channels[J]. KSII Trans. Int. Inf. Systems, 2015, 7(9): 2371-2388.

[8] M Matthaiou, N D Chatzidiamantis, G K Karagiannidis, et al. ZF Detector over Correlated K Fading MIMO Channels[J]. IEEE Trans. Commun., 2011, 6(59): 1591-1603.

[9] M K Simon, M S Alouini, Digital Communication over Fading Channels: A Unified Approach to Performance Analysis[M]. 2nd ed. John Wiley & Sons. Inr., 2005.

[10] I S Gradshteyn, I M Ryzhik. Table of Integrals, Series, and Products[M]. 7th ed. San Diego: Academic Press, 2007.

[11] E Jorswieck, H Boche. Majorization and Matrix-Monotone Functions in Wireless Communations[J]. Found. Trends Commun. Inf. Theory, 2007, 6(3): 1567-2190.

[12] O Oyman, R U Nabar, H Bolcskei, et al. Characterizing the Statistical Properties of Mutual Information in MIMO Channels[J]. IEEE Trans. Signal Process., 2003, 11(51): 2784-2795.

[13] S Verdu. Spectral Efficiency in the Wideband Regime[J]. IEEE Trans. Inf. Theory, 2001, 6(48): 1319-1343.

[14] L Lu, G Li, A Swindlehurst, et al. An Overview of Massive MIMO: Benefits and Challenges[J]. IEEE J. Sel. Topics Signal Process., 2014, 5(8): 742-758.

[15] X Li, L Li, L Xie, et al. Performance Analysis of 3D Massive MIMO Cellular Systems with Collaborative Base Station[J]. Int. J. Antennas Propagat., 2014, 7: 1-12.

第 4 章

广义 K 复合衰落信道分布式
大规模二维 MIMO 接收检测近似性能

分布式 MIMO 由于同时具有点到点 MIMO 和分布式天线的优势而成为学术界和产业界的研究热点[1]。然而，分布式 MIMO 系统性能同时受大尺度衰落和小尺度衰落组成的复合衰落的影响，系统的可达和速率、误符号率以及中断概率准确分析表达式涉及贝塞尔函数、超几何函数以及梅杰-G 函数，难以进行进一步分析，并且无法分析参数对系统性能的影响。鉴于此，本章提出一种基于矩匹配理论的近似分析方法，其核心思想为利用矩匹配理论将复合衰落信道的 PDF 用一个单一伽马分布函数近似；然后，基于所得到的近似分布函数给出系统可达和速率、误符号率以及中断概率性能分析表达式以及高 SNR 和低 SNR 下的近似分析表达式；最后，对分布式 MIMO 系统进行大规模天线渐进性能分析。所提近似分析方法不仅能够简化分析复杂度，而且在分布式大规模 MIMO 系统中能够准确逼近理论分析性能。

4.1 研究背景

点到点 MIMO 技术由于能够提供比单天线系统更高的数据速率和服务质量（Quality of Service，QoS）而引起学者极大的兴趣[1]。最近，结合点到点 MIMO 与分布式天线的优点的分布式 MIMO 技术受到广泛关注，研究证明，充分利用分布在不同地理位置的多天线无 RAP 可以同时获得空间复用增益和宏分集增益[2-3]。然而，分布式 MIMO 不仅受多径衰落（小尺度衰落）的影响，而且同时受阴影衰落和路径损耗（大尺度衰落）的影响。使得对于分布式 MIMO 的可达和速率、误符号率以及中断概率性能的分析很难处理。值得注意的是，由于大尺度衰落能够极大地削弱分布式 MIMO 带来的增益成为影响分布式 MIMO 系统性能的关键因素。因此，本章针对广义 K（Generalized-K）复合衰落信道下分布式 MIMO 性能进行研究。

在无线通信复合衰落信道模型中，Nakagami-m 衰落模型是一个通用的多径衰落模型，它包含许多种多径衰落模型，并且可以充分近似莱斯衰落模型[3]。在无线通信衰落信道模型中，大尺度衰落通常包含阴影衰落和路径损耗两部分，其中阴影衰落模型经常使用 LN 分布模型，M. Matthaiou 在文献［4］研究表明 LN 模型能够精确地表征陆地和卫星无线通信环境。然而，Nakagami-m/LN 分布复合衰落信道模型的 PDF 没有闭式表达式，使得对于分布式 MIMO 性能评估很难处理。为了解决上述问题，文献［5］分别使用伽马分布函数近似代替 LN 分布和瑞利多径衰落形成 K 和 K_G衰落信道模型，然而其中 K_G衰落模型是一个通用模型，它可以表示多种复合衰落信道模型，例如 RLN 复合衰落模型、RCLN 复合衰落模型等，并且 K 复合衰落信道模型是其一个特殊情况。利用盖优化理论，M. Matthaiou 和 C. Zhong 分别研究分析了 K_G衰落信道分布式 MIMO 系统遍历容量，然而容量分析表达式涉及贝塞尔函数和梅杰-G 函数等，根据分析表达式无法研究衰落参数对系统性能的影响，并且阻碍进一步分析。

本章针对分布式大规模 MIMO 系统，提出一种基于矩匹配理论的近似分析方法[6]。所提近似分析方法通过矩匹配理论匹配伽马函数与 K_G 函数的均值与方差，根据分布函数的参数关系构造一个逼近 K_G 分布函数的伽马函数。基于所求的近似伽马函数，给出基于 ZF 接收检测分布式 MIMO 可达和速率、误符号率以及中断概率近似分析表达式，该表达式可以适用于任意天线数目以及 SNR 情况。基于给出的近似性能表达式，进一步研究高 SNR 和低 SNR 情况下的近似和速率性能。最后，推导给出所提近似分析方法在大规模 MIMO 系统下近似渐进和速率性能[7]。通过仿真证明所提方案在任意基站天线数以及任意 SNR 情况下都适用，并且在大规模 MIMO 系统中该近似分析方法与蒙特卡洛仿真值无限逼近。

4.2 衰落模型

本节考虑上行分布式大规模 MIMO 系统，如图 4-1 所示。在分布式 MIMO 系统中，有一个基站，L 个 RAP，其中基站配有 N_r 根接收天线，每个 RAP 配有 N_t 根发射天线（$N_r \geqslant LN_t$）。值得注意的是，由于同一个 RAP 上的不同天线在同一地理位置，且到基站的距离几乎相等，因此使得同一 RAP 间的天线具有相同的阴影衰落和路径损耗，不同 RAP 由于处于不同的地理位置，因此不同 RAP 具有不同的阴影衰落和路径损耗。假设 RAP 的每个天线发射功率相等，则基站和 RAP 间的输入输出关系可表征为

$$\boldsymbol{y} = \sqrt{\frac{p_u}{LN_t}}\boldsymbol{H}\boldsymbol{\Xi}^{\frac{1}{2}}\boldsymbol{x} + \boldsymbol{n} \tag{4.1}$$

式中，$\boldsymbol{y} \in \mathbb{C}^{N_r \times 1}$ 和 $\boldsymbol{x} \in \mathbb{C}^{LN_t \times 1}$ 分别表示基站天线接收的信号向量和 L 个 RAP 的发射信号向量；p_u 为上行发射总功率（LN_t 个发射天线上等功率发送）；$\boldsymbol{n}$ 为零均值单位方差加性高斯白噪声，$\mathrm{E}(\boldsymbol{n}\boldsymbol{n}^{\mathrm{H}}) = \boldsymbol{I}_{N_r}$。

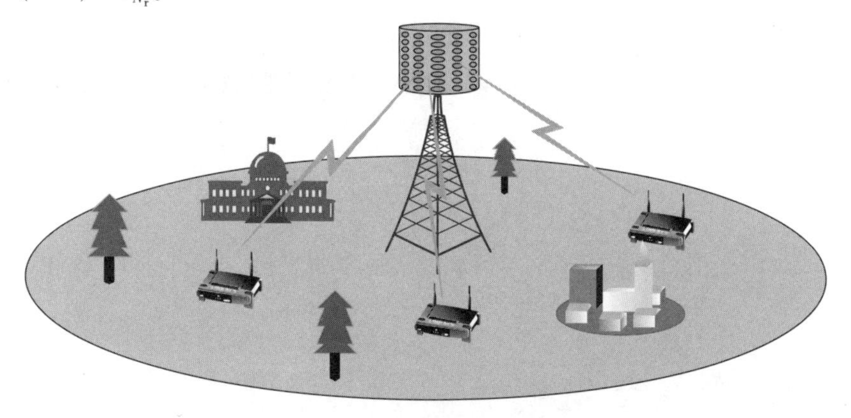

图 4-1　分布式大规模 MIMO 场景示意图

$\boldsymbol{H} \in \mathbb{C}^{N_r \times LN_t}$为多径衰落信道矩阵，其元素为独立同分布随机变量，其表达式为

$$h_{mn} = x\mathrm{e}^{\mathrm{j}\alpha} \tag{4.2}$$

式中，系数 α 为相位角，在［0，2π］范围内均匀分布；系数 x 为幅度，服从 Nakagami-m 分布，则幅度 x 的 PDF 可表示为

$$p(x) = \frac{2m^m x^{2m-1}}{\Omega_0^m \Gamma(m)} \exp\left(-\frac{mx^2}{\Omega_0}\right), \quad x \geqslant 0, \Omega_0 \geqslant 0, m \geqslant \frac{1}{2} \tag{4.3}$$

式中，$\Gamma(\cdot)$ 表示伽马函数；参数 m 和 Ω_0 分别表示 Nakagami-m 衰落参数和本地功率参数。从而可以得到，基站接收到的信号功率的 PDF 服从伽马分布，且其 PDF 表达式为

$$p_r(r) = \frac{m^m r^{m-1}}{\Omega_0^m \Gamma(m)} \exp\left(\frac{mr}{\Omega_0}\right), \quad r \geqslant 0, m \geqslant \frac{1}{2} \tag{4.4}$$

式中，$\Omega_0 = \mathrm{E}[r^2]$ 表示平均功率。

信道矩阵 $\boldsymbol{\Xi} = \oplus_{l=1}^{L} (\boldsymbol{I}_{N_t} \xi_l / D_l^{v})$ 表示大尺度衰落矩阵，包含阴影衰落和路径损耗，其中，D_l，$l = 1$，…，L 为分布式 MIMO 基站与第 l 个 RAP 之间的距离（同一 RAP 的天线到基站距离相等）；系数 v 表示路径损耗指数，表征信号功率随距离衰落速度，其值为 2（对应于信号在自由空间传播）至 6，当值为 4 时，对应于城市宏蜂窝无线通信环境，当值为 3 时，对应于城市微蜂窝无线通信环境；系数 ξ_l 表示阴影衰落参数变量，PDF 服从伽马分布，分析表达式为

$$p_{\xi_l}(\xi_l) = \frac{s_l^{s_l} \xi_l^{s_l - 1}}{\Gamma(s_l) \Omega_l^{s_l}} \exp\left(-\frac{s_l \xi_l}{\Omega_l}\right), \quad \xi_l, \Omega_l, s_l \geqslant 0 \tag{4.5}$$

式中，参数 s_l 和 Ω_l 分别为伽马分布函数的形状参数和尺度参数。

4.3 分布式 MIMO 性能

本节给出使用 ZF 接收检测时，分布式 MIMO 系统复合衰落信道的和速率、误符号率以及中断概率性能。为了方便，假设 $\boldsymbol{Z} = \boldsymbol{H}\boldsymbol{\Xi}^{1/2}$，使用 ZF 接收检测，则检测表达式可表征如下：

$$\boldsymbol{T}^{\dagger} = \left(\frac{p_{\mathrm{u}}}{LN_{\mathrm{t}}}\right)^{1/2} (\boldsymbol{Z}^{\mathrm{H}}\boldsymbol{Z})^{-1} \boldsymbol{Z}^{\mathrm{H}} \tag{4.6}$$

接收信号通过 ZF 检测后，可检测得到第 l 个发射天线（第 $\lceil l/N_t \rceil$ 个 RAP）的瞬时 SNR 表达式为

$$\gamma_l = \frac{p_{\mathrm{u}} [\boldsymbol{\Xi}]_{ll}}{LN_{\mathrm{t}} [(\boldsymbol{H}^{\mathrm{H}}\boldsymbol{H})^{-1}]_{ll}} \tag{4.7}$$

为了方便分析与操作，式（4.7）可以重新表示为

$$\gamma_l = \frac{p_u}{LN_t D_l^{\upsilon}}\xi_l \zeta_l \tag{4.8}$$

式中，随机变量ξ_l服从伽马分布$\xi_l \sim \mathcal{G}(s_l, \Omega_l)$，其PDF由式（4.5）给出；而随机变量$\zeta_l$是$N_r$个独立同分布伽马随机变量$r$的加权和，根据式（4.4），其PDF的表达式可表示为

$$p_\zeta(\zeta_l) = \frac{m^{mN_r}\zeta_l^{mN_r-1}}{\Gamma(mN_r)\Omega_0^{mN_r}}\exp\left(-\frac{m\zeta_l}{\Omega_0}\right), \quad \zeta_l \geqslant 0 \tag{4.9}$$

根据式（4.5）和式（4.9），结合复合概率分布函数性质，式（4.8）中γ_l的PDF可表示为

$$\begin{aligned} p_\gamma(\gamma_l) = &\frac{2}{\Gamma(s_l)\Gamma(mN_r)}\left(\frac{s_l mLN_t D_l^{\upsilon}}{\Omega_l \Omega_0 p_u}\right)^{\frac{s_l+mN_r}{2}} \gamma l^{\frac{s_l+mN_r}{2}-1} \\ &\times K_{s_l-mN_r}\left(2\sqrt{\frac{s_l mLN_t D_l^{\upsilon}}{\Omega_l \Omega_0 p_u}\gamma_l}\right) \end{aligned} \tag{4.10}$$

式中，$K_\upsilon(\cdot)$为第二类υ阶贝塞尔函数。

因此，根据CDF定义以及概率统计相关性质，式（4.8）中的累积分布函数可表示为以下两种情况：

（1）当s_l，mN_r，s_l-mN_r均为整数时，γ_l的CDF可表示为

$$p_\gamma(\gamma_l) = \frac{1}{\Gamma(s_l)\Gamma(mN_r)}\mathrm{G}_{1,3}^{2,1}\left[\frac{s_l mLN_t D_l^{\upsilon}}{\Omega_0 \Omega_l}\gamma_l \middle| \begin{matrix} 1 \\ s_l, mN_r, 0 \end{matrix}\right] \tag{4.11}$$

式中，G[·]为梅杰-G函数。

（2）当s_l，mN_r，s_l-mN_r为非整数时，γ_l的CDF可表示为

$$\begin{aligned} p_\gamma(\gamma_l) = &\frac{\pi\csc(\pi(s_l - mN_r))}{\Gamma(s_l)\Gamma(mN_r)}\Bigg[\frac{{}_1\mathrm{F}_2(mN_r, 1-s_l+mN_r, 1+mN_r; a_l\gamma_l)}{\Gamma(1-s_l+mN_r)\Gamma(1+mN_r)} \\ &\times (a_l\gamma_l)^{mN_r} - (a_l\gamma_l)^{s_l}\frac{{}_1\mathrm{F}_2(mN_r, 1+s_l-mN_r, 1+s_l; a_l\gamma_l)}{\Gamma(1+s_l-mN_r)\Gamma(1+s_l)}\Bigg] \end{aligned} \tag{4.12}$$

式中，$a_l = s_l mLN_t D_l^{\upsilon}/\Omega_0\Omega_l p_u$；${}_p\mathrm{F}_q(\cdot)$为超几何函数，且参数$p$，$q$为非负整数。

根据式（4.10）与文献［8］定理1，使用ZF接收检测时，分布式MIMO的可达和速率分为下述两种情况。

（1）当s_l，mN_r，s_l-mN_r为整数时，分布式MIMO可达和速率性能表达式可表示为

$$R = \frac{\log_2 \mathrm{e}}{\Gamma(mN_r)}\sum_{l=1}^{LN_t}\frac{1}{\Gamma(s_l)}\mathrm{G}_{4,2}^{1,4}\left[\frac{p_u\Omega_0\Omega_l}{s_l mLN_t D_l^{\upsilon}}\middle| \begin{matrix} 1-mN_r, 1-s_l, 1, 1 \\ 1, 0 \end{matrix}\right] \tag{4.13}$$

（2）当s_l，mN_r，s_l-mN_r为非整数时，分布式MIMO可达和速率性能表达式可表示为

$$R = \frac{1}{\ln 2}\sum_{l=1}^{LN_t}\Bigg[\frac{(a_l)^{s_l}\Gamma(1-s_l)\Gamma(b_l)}{s_l\Gamma(mN_r)}{}_1\mathrm{F}_2(mN_r; 1+mN_r, 1-b_l; -a_l)$$

$$
\begin{aligned}
&+\frac{(a_l)^{s_l}\Gamma(-b_l)\Gamma(1-s_l)}{mN_{\mathrm{r}}\Gamma(s_l)}{}_1\mathrm{F}_2(s_l;1+s_l,1+b_l;-a_l)\\
&+\frac{a_l\Gamma(mN_{\mathrm{r}}-1)}{(s_l-1)(mN_{\mathrm{r}}-1)}{}_2\mathrm{F}_3(1,1;2-mN_{\mathrm{r}},2,2-s_l;-a_l)\\
&+\psi(s_l)+\psi(mN_{\mathrm{r}})-\ln(a_l)\Big]
\end{aligned}
\tag{4.14}
$$

式中，$a_l=(s_lmLN_{\mathrm{t}}D_l^{v})/(\Omega_0\Omega_lp_{\mathrm{u}})$，$b_l=s_l-mN_{\mathrm{r}}$；$\psi(\cdot)$ 为欧拉双伽马函数。

同样地，在分布式 MIMO 系统中，使用 ZF 接收检测时，系统的误符号率分析表达式分为以下两种情况。

（1）当 s_l，mN_{r} 和 s_l-mN_{r} 为整数时，分布式 MIMO 系统中第 l 个子信道的误符号率性能表达式可表示为

$$
\mathrm{SER}_l=\frac{\alpha_l}{2\sqrt{\pi}\Gamma(s_l)\Gamma(mN_{\mathrm{r}})}\mathrm{G}_{3,2}^{2,2}\left[\frac{p_{\mathrm{u}}\beta_l\Omega_0\Omega_l}{s_lmLN_{\mathrm{t}}D_l^{v}}\middle|\begin{matrix}1-s_l,1-mN_{\mathrm{r}},1\\0,1/2\end{matrix}\right]
\tag{4.15}
$$

（2）当 s_l，mN_{r} 和 s_l-mN_{r} 为非整数时，分布式 MIMO 系统中第 l 子信道的误符号率性能的表达式可表征为

$$
\begin{aligned}
\mathrm{SER}_l=&\frac{\sqrt{\pi}\alpha_l}{2\Gamma(s_l)\Gamma(mN_{\mathrm{r}})\sin(\pi(s_l-mN_{\mathrm{r}}))}\\
&\times\Big[\sum_{p=1}^{\infty}\frac{\Gamma(p+mN_{\mathrm{r}})\Gamma(p+mN_{\mathrm{r}}+1/2)}{\beta_l^{p+mN_{\mathrm{r}}}\Gamma(p+mN_{\mathrm{r}}+1)}(a_l)^{p+mN_{\mathrm{r}}}\\
&-\sum_{p=1}^{\infty}\frac{\Gamma(p+s_l)\Gamma(p+s_l+1/2)}{\beta_l^{p+s_l}\Gamma(p+s_l+1)}(a_l)^{p+s_l}\Big]
\end{aligned}
\tag{4.16}
$$

式中，$a_l=(s_lmLN_{\mathrm{t}}D_l^{v})/(\Omega_0\Omega_lp_{\mathrm{u}})$，$\alpha_l$ 和 β_l 为调制专用常量，当 $\alpha_l=1$，$\beta_l=1$ 时表示使用 BPSK 调制，当 $\alpha_l=2$，$\beta_l=\sin(\pi/M)$ 表示用户 M-ary PSK 调制。

同理，根据式（4.11）和式（4.12）的 CDF，可得中断概率为

$$
P_{\mathrm{out},l}=\Pr(\gamma_l\leqslant\gamma_{\mathrm{th}})=P(\gamma_{\mathrm{th}})
\tag{4.17}
$$

式中，γ_{th}为中断概率阈值，表示当 SNR 低于该阈值时发生中断。

基于上述分析可知，分布式 MIMO 系统的可达和速率、误符号率以及中断概率的表达式涉及贝塞尔函数、梅杰-G 函数以及超几何函数，不利于对分布式 MIMO 系统性能进行进一步分析和操作，也不利于研究衰落参数对系统性能的影响。为了解决上述问题，提出一种基于矩匹配理论的近似分析方法。

4.4 矩匹配近似方法

在本小节中，将通过矩匹配技术使用一个伽马分布函数近似代替式（4.10）中的复合

衰落分布函数的 PDF。在这里选择伽马分布函数由以下三个方面原因。

1）伽马分布函数是一个通用分布函数，它可以用于近似表示其他多种分布函数，例如指数分布函数、卡方分布函数、爱尔兰分布函数等。

2）式（4.10）的组合函数为两个伽马分布函数的乘积。

3）在大规模 MIMO 系统中，矩匹配理论近似分析方法能够无限接近理论分析的 PDF。

为了方便分析与操作，定义 $z_l=\xi_l\zeta_l$，则式（4.10）可以重新表示为

$$p_z(z_l)=\frac{2}{\Gamma(s_l)\Gamma(mN_r)}\left(\frac{ms_l}{\Omega_0\Omega_l}\right)^{\frac{mN_r+s_l}{2}}z_l^{\frac{mN_r+s_l}{2}-1}K_{s_l-mN_r}\left(2\sqrt{\frac{ms_l}{\Omega_0\Omega_l}z_l}\right)\tag{4.18}$$

根据式（4.18）和期望的定义，可以得到随机变量 z_l 的 n 阶矩的表达式为

$$\mathrm{E}[z_l^n]=\frac{\Gamma(s_l+n)\Gamma(mN_r+n)}{\Gamma(s_l)\Gamma(mN_r)}\left(\frac{\Omega_0\Omega_l}{ms_l}\right)^n\tag{4.19}$$

定义随机变量 $\chi_l\sim\mathcal{G}(\omega_l,\eta_l)$ 为分布服从伽马分布的随机变量，其形状参数和尺度参数分别为 ω_l 和 η_l，则 χ_l 的 PDF 可表示为

$$p_\chi(\chi_l)=\frac{\eta_l^{-\omega_l}\chi_l^{\omega_l-1}}{\Gamma(\omega_l)}\exp\left(-\frac{\chi_l}{\eta_l}\right)\tag{4.20}$$

同理，可以得到 χ_l 的 n 阶矩的表达式为

$$\mathrm{E}[\chi_l^n]=\frac{\Gamma(\omega_l+n)}{\Gamma(\omega_l)}\eta_l^n\tag{4.21}$$

利用式（4.19）和式（4.21），匹配伽马分布函数与复合函数的均值与方差可以得到两个函数间参数关系为

$$\omega_l\eta_l=N_r\Omega_0\Omega_l\tag{4.22}$$

$$\omega_l(\omega_l+1)\eta_l^2=\frac{(s_l+1)(mN_r+1)N_r(\Omega_0\Omega_l)^2}{ms_l}\tag{4.23}$$

根据式（4.22）和式（4.23），可以得到近似函数的参数的表达式为

$$\omega_l=\frac{mN_rs_l}{s_l+mN_r+1}=\frac{1}{A_l}\tag{4.24}$$

$$\eta_l=\frac{\Omega_0\Omega_l(s_l+mN_r+1)}{ms_l}=A_lN_r\Omega_0\Omega_l\tag{4.25}$$

式中，$A_l=\frac{1}{mN_r}+\frac{1}{s_l}+\frac{1}{s_lmN_r}$ 为衰落量（Amount of Fading，AF），衰落量是指瞬时 SNR 的方差与均值的平方之比，常用于测量复合衰落信道的衰落程度。

根据式（4.24）和式（4.25），近似伽马分布函数的 PDF 可以重新表示为

$$p_\chi(\chi_l)=\frac{(A_lN_r\Omega_0\Omega_l)^{-\frac{1}{A_l}}\chi_l^{\frac{1}{A_l}-1}}{\Gamma\left(\frac{1}{A_l}\right)}\exp\left(-\frac{\chi_l}{A_lN_r\Omega_0\Omega_l}\right)\tag{4.26}$$

根据上述分析，所提近似分析方法用一个伽马分布函数近似复合分布函数。在下面小节中，利用式（4.26）的近似PDF，研究分析基于ZF接收检测的分布式MIMO系统的可达和速率、误符号率以及中断概率的闭式表达式，并给出高SNR和低SNR下的近似和速率性能，最后给出近似分析方法在大规模MIMO系统下的渐进近似和速率性能分析表达式。

4.5 近似性能分析

利用所提矩匹配近似分析方法，分析ZF接收检测时近似性能。为了深入分析衰落参数对分布式MIMO系统的影响，给出系统可达和速率、误符号率以及中断概率的闭式表达式以及高SNR与低SNR时渐进性能。为了方便算术操作，本节将使用式（4.24）的 ω_l 和式（4.25）的 η_l 进行推导。

4.5.1 近似可达和速率

在分布式MIMO系统中，使用ZF接收检测时，系统的近似可达和速率表达式由定理4.1给出。

定理4.1：在分布式MIMO系统中，利用矩匹配近似分析方法时，当使用ZF接收检测时，系统的近似可达和速率可分为两种情况。

（1）当 ω_l 为整数时，分布式MIMO系统近似可达和速率可表示为

$$R_{\text{App}} = \sum_{l=1}^{LN_t} \sum_{\mu=0}^{\omega_l-1} \frac{\log_2(\mathrm{e})}{\Gamma(\omega_l-\mu)} \left(-\frac{LN_tD_l^v}{\eta_l p_u}\right)^{\omega_l-\mu-1} \times \left[-\exp\left(\frac{LN_tD_l^v}{\eta_l p_u}\right)\mathrm{Ei}\left(-\frac{LN_tD_l^v}{\eta_l p_u}\right) + \sum_{k=1}^{\omega_l-\mu-1}\Gamma(k)\left(-\frac{\eta_l p_u}{LN_tD_l^v}\right)^k\right] \tag{4.27}$$

式中，Ei(·)为指数积分函数。

（2）当 ω_l 为非整数时，分布式MIMO系统近似可达和速率可表示为

$$R_{\text{App}} = \sum_{l=1}^{LN_t} \left\{ \left(\frac{LN_tD_l^v}{\eta_l p_u}\right)^{\omega_l} \frac{\Gamma(1-\omega_l)}{\omega_l \ln 2} {}_1F_1\left(\omega_l;\omega_l+1;\frac{LN_tD_l^v}{\eta_l p_u}\right) - \left[\ln\left(\frac{LN_tD_l^v}{\eta_l p_u}\right) - \psi(\omega_l) - \frac{1}{(1-\omega_l)}\frac{LN_tD_l^v}{\eta_l p_u}\, {}_2F_2\left(1,1;2,2-\omega_l;\frac{LN_tD_l^v}{\eta_l p_u}\right)\right]\right\} \tag{4.28}$$

证明：由于使用随机变量 χ_l 的PDF来近似 z_l 的PDF，因此可得分布式MIMO近似可达和速率为

$$R_{\text{App}} = \sum_{l=1}^{LN_t} \mathrm{E}\left[\log_2\left(1+\frac{p_u}{LN_tD_l^v}\chi_l\right)\right] \tag{4.29}$$

根据期望定义，式（4.29）的表达式可重新表示为以下积分形式：

$$R_{\mathrm{App}} = \frac{1}{\ln 2}\sum_{l=1}^{LN_{\mathrm{t}}} \int_0^{\infty} \ln\left(1 + \frac{p_{\mathrm{u}}\chi_l}{LN_{\mathrm{t}}D_l^{v}}\right) p_{\chi}(\chi_l)\,\mathrm{d}\chi_l \tag{4.30}$$

将式（4.20）的 PDF 公式代入式（4.30），可以得到

$$R_{\mathrm{App}} = \frac{\eta_l^{-\omega_l}}{\ln 2\,\Gamma(\omega_l)}\sum_{l=1}^{LN_{\mathrm{t}}} \int_0^{\infty} \ln\left(1 + \frac{p_{\mathrm{u}}}{LN_{\mathrm{t}}D_l^{v}}\chi_l\right)\chi_l^{\omega_l-1}\exp\left(-\frac{\chi_l}{\eta_l}\right)\mathrm{d}\chi_l \tag{4.31}$$

（1）当 ω_l 为整数时，利用下面的积分表达式：

$$\int_0^{\infty}\ln(1+ax)x^{\zeta}\mathrm{e}^{-x}\mathrm{d}x = \sum_{\mu=0}^{\zeta}\frac{\zeta!}{(\zeta-\mu)!}\left[\frac{(-1)^{\zeta-\mu-1}}{a^{\zeta-\mu}}\mathrm{e}^{\frac{1}{a}}\mathrm{Ei}\left(-\frac{1}{a}\right) + \sum_{k=1}^{\zeta-\mu}\Gamma(k)\left(-\frac{1}{a}\right)^{\zeta-\mu-k}\right] \tag{4.32}$$

可以得到式（4.33）的表达式

$$R_{\mathrm{App}} = \frac{1}{\ln 2}\sum_{l=1}^{LN_{\mathrm{t}}}\sum_{\mu=0}^{\omega_l-1}\frac{1}{\Gamma(\omega_l-\mu)}\left[(-1)^{\omega_l-\mu-2}\left(\frac{LN_{\mathrm{t}}D_l^{v}}{p_{\mathrm{u}}\eta_l}\right)^{\omega_l-\mu-1}\exp\left(\frac{LN_{\mathrm{t}}D_l^{v}}{p_{\mathrm{u}}\eta_l}\right) \times \mathrm{Ei}\left(-\frac{LN_{\mathrm{t}}D_l^{v}}{p_{\mathrm{u}}\eta_l}\right) + \sum_{k=1}^{\omega_l-\mu-1}\Gamma(k)\left(-\frac{LN_{\mathrm{t}}D_l^{v}}{p_{\mathrm{u}}\eta_l}\right)^{\omega_l-\mu-k-1}\right] \tag{4.33}$$

通过简单的算术操作，可以得到式（4.27）的结论。

（2）当 ω_l 为非整数时，利用下述积分表达式：

$$\int_0^{\infty}x^{\alpha-1}\mathrm{e}^{-px}\ln(a+bx)\mathrm{d}x = \left(\frac{a}{b}\right)^{\alpha}\frac{\pi}{\alpha\sin(\alpha\pi)}\,{}_1\mathrm{F}_1\left(\alpha;\alpha+1;\frac{ap}{b}\right) - \Gamma(\alpha) \times p^{-\alpha}\left\{\ln\left(\frac{p}{b}\right) - \psi(\alpha) - \frac{ap}{b(1-\alpha)}\,{}_2\mathrm{F}_2\left(1,1;2,2-\alpha;\frac{ap}{b}\right)\right\} \tag{4.34}$$

进一步利用欧拉反射与伽马函数性质

$$\frac{\pi}{\sin(\pi\omega_l)} = \Gamma(\omega_l)\Gamma(1-\omega_l) \tag{4.35}$$

$$\Gamma(\omega_l+1) = \omega_l\Gamma(\omega_l) \tag{4.36}$$

通过简单算术操作可以得到式（4.28）的结论。证明完毕。

推论 4.1：对于分布式 MIMO 系统，当 $L=1$，$m=1$ 时，分布式 MIMO 退化为单 RAP 独立同分布瑞利衰落信道，则系统近似可达和速率可进一步简化为

$$R_{\mathrm{App}} = \frac{1}{\ln 2}\exp\left(\frac{LN_{\mathrm{t}}D^{v}}{\eta p_{\mathrm{u}}}\right)\sum_{k=1}^{\omega}\left(\frac{\eta p_{\mathrm{u}}}{LN_{\mathrm{t}}D^{v}}\right)^{k-\omega}\Gamma\left(k-\omega,\frac{LN_{\mathrm{t}}D^{v}}{\eta p_{\mathrm{u}}}\right) \tag{4.37}$$

式中，$\Gamma(a,x) = \int_x^{\infty}t^{a-1}\mathrm{e}^{-t}\mathrm{d}t$ 为不完整伽马函数。

证明：首先利用定理 4.1 的证明过程，令 $L=1$，$m=1$，然后结合文献［9］中的

式（15.24）和式（15B.7），具体证明过程在此省略。证明完毕。

值得注意的是，定理4.1中式（4.27）和推论4.1的可达和速率表达式仅包含简单的函数，因此能够高效地评估系统性能。然而，上述分析没有揭示系统参数（衰落参数、天线数）对性能的影响。为了分析系统参数对和速率的影响，将考虑高SNR和低SNR下分布式MIMO的和速率性能。

推论4.2：在分布式MIMO系统中，利用矩匹配近似分析方法时，基于ZF接收检测高SNR情况下系统的近似可达和速率表达式为

$$
\begin{aligned}
R_{\mathrm{App}}^{\mathrm{H}} = & LN_{\mathrm{t}}\log_2\left(\frac{p_{\mathrm{u}}}{LN_{\mathrm{t}}}\right) + \sum_{l=1}^{LN_{\mathrm{t}}}\left[\frac{1}{\ln 2}\psi\left(\frac{mN_{\mathrm{r}}s_l}{s_l + mN_{\mathrm{r}} + 1}\right)\right. \\
& \left. + \log_2\left(\frac{\Omega_0\Omega_l(s_l + mN_{\mathrm{r}} + 1)}{ms_l}\right) - \upsilon\log_2(D_l)\right]
\end{aligned} \tag{4.38}
$$

证明：本证明借助于式（4.31）的结果，并且令p_{u}取无限大，利用式（4.20）可以得到

$$
\begin{aligned}
R_{\mathrm{App}}^{\mathrm{H}} & \approx \mathrm{E}\left[\sum_{l=1}^{LN_{\mathrm{t}}}\log_2\left(\frac{p_{\mathrm{u}}}{LN_{\mathrm{t}}D_l^{\upsilon}}\chi_l\right)p_{\chi}(\chi_l)\right] \\
& = \frac{1}{\ln 2}\sum_{l=1}^{LN_{\mathrm{t}}}\frac{\eta_l^{-\omega_l}}{\Gamma(\omega_l)}\int_0^{\infty}\ln\left(\frac{p_{\mathrm{u}}}{LN_{\mathrm{t}}D_l^{\upsilon}}\chi_l\right)\chi_l^{\omega_l-1}\mathrm{e}^{-\chi_l/\eta_l}\mathrm{d}\chi_l
\end{aligned} \tag{4.39}
$$

然后，运用下列积分公式的表达式：

$$
\int_0^{\infty}x^{\upsilon-1}\mathrm{e}^{-\mu x}\ln x\mathrm{d}x = \frac{\Gamma(\upsilon)}{\mu^{\upsilon}}[\psi(\upsilon) - \ln u], \quad \mathrm{Re}(\mu,\upsilon) \tag{4.40}
$$

利用式（4.24）与式（4.25）的结论，通过简单算术操作可得式（4.37）的结论。证明完毕。

由推论4.2的结论可知，在高SNR时，可达和速率随着发射功率的增加呈对数增加，随着基站天线数的增加也近似呈对数增加，而随着收发距离的增加呈对数减小。

一般而言，MIMO信道的低SNR分析通过将可达和速率表达式进行一阶泰勒展开并取发射功率为0^+（$p_{\mathrm{u}}=\gamma=0^+$，噪声功率设为1）。然而，由于这种方法没有反映信道的影响导致分析结果不准确，该分析方法存在固有缺点。因此，通过归一化每比特发射能量E_{b}/N_0来分析低SNR情况，该低SNR性能分析方法是由Sergio Verdu于2002年在文献［14］中首先提出，并且文献［15］对该方法进行详细的分析。因此，可得低SNR近似可达和速率可表示为如下形式：

$$
R_{\mathrm{App}}^{L}\left(\frac{E_{\mathrm{b}}}{N_0}\right) \approx S_0\log_2\left(\frac{\dfrac{E_{\mathrm{b}}}{N_0}}{\dfrac{E_{\mathrm{b}}}{N_{0\,\mathrm{min}}}}\right) \tag{4.41}
$$

$$\frac{E_b}{N_{0\min}} = \frac{1}{\dot{R}_{\mathrm{App}}(0)} \tag{4.42}$$

$$S_0 = -\frac{2}{\log_2(\mathrm{e})}\frac{(\dot{R}_{\mathrm{App}}(0))^2}{\ddot{R}_{\mathrm{App}}(0)} \tag{4.43}$$

式中，$E_b/N_{0\min}$和 S_0 是分别为可靠传输时最小归一化能量与信息比特的比和宽带斜率，两者是分析低 SNR 性能的关键性能参数。$\dot{R}_{\mathrm{App}}(0)$ 和$\ddot{R}_{\mathrm{App}}(0)$ 分别表示近似和速率关于 SNR 的一阶和二阶导数，且令 SNR 为 0。低 SNR 性能分析由推论 4.3 给出。

推论 4.3：对于分布式 MIMO 系统，利用矩匹配近似分析方法时，基于 ZF 接收检测最小能量/信息比特和宽带斜率分别可表示为

$$\frac{E_b}{N_{0\min}} = \frac{LN_t}{\log_2(\mathrm{e})}\left(\sum_{l=1}^{LN_t}\frac{\omega_l\eta_l}{D_l^v}\right)^{-1} \tag{4.44}$$

$$S_0 = \frac{2\left(\sum_{l=1}^{LN_t}\frac{\omega_l\eta_l}{D_l^v}\right)^2}{\sum_{l=1}^{LN_t}\frac{\omega_l(\omega_l+1)\eta_l^2}{D_l^{2v}}} \tag{4.45}$$

证明：将式（4.29）函数求关于 SNR 变量 p_u 一阶和二阶导数，并取 $p_u=0$，则可以分别得到

$$\begin{aligned}\dot{R}_{\mathrm{App}}(0) &= \frac{1}{\ln 2}\sum_{l=1}^{LN_t}\mathrm{E}\left[\left.\frac{\frac{1}{LN_tD_l^v}\chi_l}{1+\frac{p_u}{LN_tD_l^v}\chi_l}\right|_{p_u=0}\right] \\ &= \frac{\log_2(\mathrm{e})}{LN_t}\sum_{l=1}^{LN_t}\mathrm{E}\left[\frac{\chi_l}{D_l^v}\right]\end{aligned} \tag{4.46}$$

$$\begin{aligned}\ddot{R}_{\mathrm{App}}(0) &= \frac{-1}{\ln 2}\sum_{l=1}^{LN_t}\mathrm{E}\left[\left.\frac{\left(\frac{1}{LN_tD_l^v}\chi_l\right)^2}{\left(1+\frac{p_u}{LN_tD_l^v}\chi_l\right)^2}\right|_{p_u=0}\right] \\ &= -\frac{\log_2(\mathrm{e})}{(LN_t)^2}\sum_{l=1}^{LN_t}\mathrm{E}\left[\frac{1}{(D_l^v)^2}\chi_l^2\right]\end{aligned} \tag{4.47}$$

利用概率论中期望的定义和式（4.20）的 PDF，则式（4.46）与式（4.47）的结果可以被进一步简化为

$$\dot{R}_{\mathrm{App}}(0) = \frac{\log_2(\mathrm{e})}{LN_t}\sum_{l=1}^{LN_t}\frac{\omega_l\eta_l}{D_l^v} \tag{4.48}$$

$$\ddot{R}_{\mathrm{App}}(0) = -\frac{\log_2(\mathrm{e})}{(LN_{\mathrm{t}})^2}\sum_{l=1}^{LN_{\mathrm{t}}}\frac{\omega_l(\omega_l+1)\eta_l^2}{D_l^{2v}} \tag{4.49}$$

结合式（4.42）与式（4.43），经过化简，可得到式（4.44）与式（4.45）的结论。证明完毕。

由推论4.3可知，最小化能量与信息比特的比值随着RAP数目和每端口天线数的增加而线性增加，随着参数ω_l和η_l的增加而减少，并且随着基站和RAP的距离的增加而呈对数增加。此外，根据二项式定理可知，式（4.45）所示的宽带斜率总是大于1的数。

4.5.2 近似误符号率

误符号率是指通信系统中传输信息符号错误概率。误符号率是通信系统中评估设计方案的重要性能指标。因此，本小节研究分布式MIMO系统基于ZF接收检测的近似误符号率性能。基于文献［8］中关于误符号率的通用表达式，不同调制模式下的误符号率表达式为

$$\mathrm{SER}_l = \mathrm{E}[\alpha_l \mathrm{Q}(\sqrt{2\beta_l\gamma_l})],\quad l=1,\cdots,LN_{\mathrm{t}} \tag{4.50}$$

式中，$\mathrm{Q}(\cdot)$为高斯Q函数，具体表达式见文献［9］；参数α_l和β_l为调制专用参数，其中$\alpha_l=1$，$\beta_l=1$表示使用BPSK调制，$\alpha_l=2$，$\beta_l=\sin(\pi/M)$表示使用M-ary PSK调制。基于ZF接收检测分布式MIMO系统近似误符号率分析表达式由定理4.2给出。

定理4.2：在分布式MIMO复合衰落系统中，利用矩匹配近似技术时，基于ZF接收检测系统的近似误符号率表达式分为两种情况。

（1）当ω_l为整数时，基于ZF接收检测的分布式MIMO系统第l个子信道的误符号率的表达式为

$$\mathrm{SER}_l = \frac{\alpha_l}{2}\left[1-\mu(c)\sum_{l=1}^{\omega_l-1}\binom{2l}{l}\left(\frac{1-(\mu(c))^2}{4}\right)^l\right] \tag{4.51}$$

式中，$c=p_{\mathrm{u}}\beta_l\eta_l/LN_{\mathrm{t}}D_l^v$；$\mu(c)=\sqrt{c/1+c}$。

（2）当ω_l为非整数时，基于ZF接收检测的分布式MIMO系统的第l个子信道误符号率表达式为

$$\mathrm{SER}_l = \frac{\alpha_l}{2\sqrt{\pi}}\frac{\sqrt{c}}{(1+c)^{\omega_l+1/2}}\frac{\Gamma(\omega_l+1/2)}{\Gamma(\omega_l+1)}\,{}_2\mathrm{F}_1\left(1,\omega_l+1/2;\omega_l+1;\frac{1}{1+c}\right) \tag{4.52}$$

式中，参数$c=p_{\mathrm{u}}\beta_l\eta_l/LN_{\mathrm{t}}D_l^v$；${}_2\mathrm{F}_1(\cdot)$为高斯超几何函数。

证明：利用4.4节中式（4.20）的伽马PDF，可以得到γ_l的近似PDF为

$$p_{\gamma_l}(\gamma_l) = \frac{LN_{\mathrm{t}}D_l^v}{p_{\mathrm{u}}}p_{\chi_l}\left(\frac{LN_{\mathrm{t}}D_l^v}{p_{\mathrm{u}}}\gamma_l\right)$$

$$=\frac{\eta_l^{-\omega_l}}{\Gamma(\omega_l)}\left(\frac{LN_tD_l^v}{p_u}\right)^{\omega_l}\gamma_l^{\omega_l-1}\exp\left(-\frac{LN_tD_l^v}{p_u\eta_l}\gamma_l\right) \tag{4.53}$$

利用式（4.53）和文献［9］中式（4.2），式（4.50）的误符号率表达式可以表示为积分形式

$$\begin{aligned}\text{SER}_l &=\frac{\alpha_l\eta_l^{-\omega_l}}{\pi\Gamma(\omega_l)}\left(\frac{LN_tD_l^v}{p_u}\right)^{\omega_l}\\&\times\int_0^{\frac{\pi}{2}}\int_0^{\infty}\gamma_l^{\omega_l-1}\exp\left(-\left(\frac{\beta_lp_u\eta_l/LN_tD_l^v}{\sin^2\theta}+1\right)\frac{LN_tD_l^v}{p_u\eta_l}\gamma_l\right)\mathrm{d}\gamma_l\mathrm{d}\theta\end{aligned} \tag{4.54}$$

利用下列积分等式：

$$\int_0^{\infty}x^{v-1}\mathrm{e}^{-\mu x}\mathrm{d}x=\frac{1}{\mu^v}\Gamma(v) \tag{4.55}$$

式（4.54）能够进一步被简化为

$$\text{SER}_l=\frac{\alpha_l}{\pi}\int_0^{\frac{\pi}{2}}\left(\frac{\beta_l\eta_lp_u/(LN_tD_l^v)}{\sin^2\theta}+1\right)^{-\omega_l}\mathrm{d}\theta \tag{4.56}$$

根据文献［9］中的式（5.17），通过一些简单的算术操作，可以得到式（4.51）和式（4.52）结论。证明完毕。

由定理4.2可知，误符号率随着大尺度衰落功率参数 ω_l 增加而减小，随着调制专用常量 α_l 的增加而增加。更重要的是，对于 ω_l 为整数时，误符号率的表达式仅涉及一些简单函数，有利于分析参数对系统性能的影响。

4.5.3 近似中断概率

分布式MIMO的中断概率性能更能准确描述非静态衰落信道系统性能特征。中断概率 P_{out} 是指瞬时SNR小于或等于某一特定阈值 γ_{th} 的概率。从数学角度来讲，中断概率表达式为

$$P_{\text{out}}\overset{\text{def}}{=}\Pr(\gamma_l\leqslant\gamma_{\text{th}}) \tag{4.57}$$

根据式（4.57）中关于中断概率的定义，研究基于ZF接收检测分布式MIMO系统中断概率性能如定理4.3所示。

定理4.3：*在分布式MIMO系统中，使用矩匹配近似技术时，基于ZF接收检测的系统第 l 个子信道的中断概率表达式为*

$$P_{\text{out},l}=1-\exp\left(-\frac{LN_tD_l^v}{\eta_lp_u}\gamma_{\text{th}}\right)\sum_{k=0}^{\omega_l-1}\frac{\gamma_{\text{th}}^k}{k!}\left(\frac{LN_tD_l^v}{p_u\eta_l}\right)^k \tag{4.58}$$

证明：根据式（4.57）中对于中断概率的定义和式（4.52）中近似SNR的PDF，中断概率可以重新表示为以下积分形式：

$$
\begin{aligned}
P_{\text{out},l} &= \int_0^{\gamma_{\text{th}}} p_{\gamma_l}(\gamma_l)\,\mathrm{d}\gamma_l \\
&= \frac{\eta_l^{-\omega_l}}{\Gamma(\omega_l)}\left(\frac{LN_{\text{t}}D_l^{v}}{p_{\text{u}}}\right)^{\omega_l}\int_0^{\gamma_{\text{th}}}\gamma_l^{\omega_l-1}\exp\left(-\frac{LN_{\text{t}}D_l^{v}}{p_{\text{u}}\eta_l}\gamma_l\right)\mathrm{d}\gamma_l
\end{aligned}
\tag{4.59}
$$

利用下列积分等式：

$$
\int_0^{u} x^{n}\mathrm{e}^{-\mu x}\mathrm{d}x = \frac{n!}{\mu^{n+1}} - \mathrm{e}^{-u\mu}\sum_{k=0}^{n}\frac{n!u^{k}}{k!\mu^{n-k+1}}
\tag{4.60}
$$

通过一些算术简化操作，可以得到式（4.57）结论。证明完毕。

根据定理4.3可得出，中断概率受RAP数目L、每个RAP上天线数目N_{t}、RAP发射功率p_{u}、基站与RAP距离D_l以及衰落参数η_l与ω_l等参数的影响。并且中断概率随着参数L、N_{t}以及D_l的增加而增加。最后，中断概率$P_{\text{out},l}$的表达式仅涉及简单的函数，并且是一个小于1的数。

4.6 大规模MIMO渐进性能

最近，研究表明大规模MIMO能够有效地提高系统容量和节省功率消耗。因此，大规模MIMO被认为是未来5G移动通信关键技术之一[10]。因此，本节将对高SNR下大规模MIMO渐进可达和速率性能进行分析。

在进行大规模MIMO分析时，主要分成4种情况。

1）令RAP数目L、每个RAP天线数目N_{t}以及每个RAP天线的发射功率p_{u}固定，而使基站接收天线数目N_{r}趋于无穷。

2）令RAP数目L、每个RAP天线数目N_{t}以及所有RAP天线的发射能量E_{u}固定，而使基站接收天线数目N_{r}趋于无穷。

3）令RAP天线数目N_{t}、每个RAP天线的发射功率p_{u}以及基站天线数目N_{r}与所有RAP天线数目之比κ固定，而使基站接收天线数目N_{r}与RAP数目L同时趋于无穷。

4）令RAP数目L、每个RAP天线的发射功率p_{u}以及基站天线数目N_{r}与RAP天线数目N_{t}之比κ固定，使基站接收天线数目N_{r}与RAP数N_{t}同时趋于无穷。由于第三、四种情况的结论相似，因此只考虑前三种情况。

首先，假设L、N_{t}、p_{u}固定，而$N_{\text{r}}\to\infty$，可以直观地看出，此时接收端能够获得功率随着基站天线数趋于无穷而趋于无穷，因此接收端SNR及和速率趋于无穷。具体由推论4.4给出。

推论4.4：对于分布式MIMO近似衰落信道高SNR的情况，假设L、N_{t}、p_{u}固定，而N_{r}趋于无穷，则分布式MIMO系统的渐进近似和速率表达式为

$$R_{\mathrm{App}}^{\mathrm{H}} \xlongequal{N_{\mathrm{r}}\to\infty} LN_{\mathrm{t}}\log_2\left(\frac{p_{\mathrm{u}}N_{\mathrm{r}}}{LN_{\mathrm{t}}}\right) + \sum_{l=1}^{LN_{\mathrm{t}}}\left[\frac{\psi(s_l)}{\ln 2} + \log_2\left(\frac{\Omega_0\Omega_l}{s_l}\right) - \upsilon\log_2(D_l)\right] \tag{4.61}$$

证明： 将式（4.38）中的基站天线数量 N_{r} 趋于无穷，通过简单的近似算术操作，可得到式（4.61）的结论。证明完毕。

由推论4.4可得出，当 L、N_{t}、p_{u} 固定而 N_{r} 趋于无穷时，小尺度衰落参数 m 的影响将被消除，近似和速率随之趋于无穷。在大规模 MIMO 系统中，影响系统性能的参数分别为 RAP 数目 L、每个 RAP 天线数目 N_{t}，基站接收天线数目 N_{r}、发射功率 p_{u}、大尺度衰落参数 s_l、功率参数 Ω_0 与 Ω_l 以及基站与 RAP 间的距离 D_l。此外，分布式 MIMO 渐进近似和速率性能随着发射功率 p_{u} 和基站天线数 N_{r} 呈对数增加，而随着基站与 RAP 间的距离 D_l 和路径损耗指数 υ 的增加而减小。

其次，假设 L、N_{t}、E_{u} 固定，令 $p_{\mathrm{u}}=E_{\mathrm{u}}/N_{\mathrm{r}}$，$N_{\mathrm{r}}\to\infty$：在本方案中，可以通过降低发射功率为 $p_{\mathrm{u}}/N_{\mathrm{r}}$ 而不影响系统性能。因此该场景在实际应用中非常重要，因为这不仅关系运营成本而且关乎着环境和健康问题。具体由推论4.5给出。

推论4.5： 对于分布式 MIMO 近似衰落信道高 SNR 情况下，假设 L、N_{t}、E_{u} 固定，而 N_{r} 趋于无穷，则分布式 MIMO 系统的渐进近似和速率表达式为

$$R_{\mathrm{App}}^{\mathrm{H}} \xlongequal{N_{\mathrm{r}}\to\infty} LN_{\mathrm{t}}\log_2\left(\frac{E_{\mathrm{u}}}{LN_{\mathrm{t}}}\right) + \sum_{l=1}^{LN_{\mathrm{t}}}\left[\frac{\psi(s_l)}{\ln 2} + \log_2\left(\frac{\Omega_0\Omega_l}{s_l}\right) - \upsilon\log_2(D_k)\right] \tag{4.62}$$

证明： 将式（4.38）中的参数 N_{r} 趋于无穷，并令 $p_{\mathrm{u}}=E_{\mathrm{u}}/N_{\mathrm{r}}$，然后通过简单的算术操作，可得到式（4.62）的结论。证明完毕。

通过推论4.5可以得出，随着接收天线数目趋于无穷，RAP 每根的天线的发射功率可以降低为原来的 $1/N_{\mathrm{r}}$ 而不影响系统性能。另外，当基站天线数目趋于无穷分布式 MIMO 渐进近似和速率趋于固定常量。

最后，假设 p_{u}、$\kappa=N_{\mathrm{r}}/LN_{\mathrm{t}}$ 固定，而 N_{r}、$L\to\infty$：这是一个很有实际价值的渐进方案，因为基站接收天线数比 RAP 天线数大，但是并不是无限大。本方案下和速率性能由推论4.6给出。

推论4.6： 对于分布式 MIMO 近似衰落信道高 SNR 情况下，假设 L、p_{u}、κ 固定时，而 N_{r} 和 L 趋于无穷时，系统渐进近似和速率表达式趋近于

$$R_{\mathrm{App}}^{\mathrm{H}} \xlongequal{L,N_{\mathrm{r}}\to\infty} LN_{\mathrm{t}}\log_2\left(\frac{p_{\mathrm{u}}\kappa}{LN_{\mathrm{t}}}\right) + \sum_{l=1}^{LN_{\mathrm{t}}}\left[\frac{\psi(s_l)}{\ln 2} + \log_2\left(\frac{\Omega_0\Omega_l}{s_l}\right) - \upsilon\log_2(D_k)\right] \tag{4.63}$$

证明： 将 $\kappa=N_{\mathrm{r}}/LN_{\mathrm{t}}$ 代入式（4.38）并同时令 N_{r} 和 L 趋于无穷，然后通过简单化简可以得到式（4.63）的结论。证明完毕。

推论4.6的结论揭示渐进近似和速率性能随着RAP数目的增长呈线性增长，随着发射功率 p_{u} 与收发天线比 $\boldsymbol{\kappa}$ 的增长呈对数增长。此外，在大规模天线配置下，小尺度衰落参数 m 的影响被消除。最后，在大规模MIMO配置下，近似和速率渐进性能与基站天线数无关。

由推论4.4~4.6可以得出以下两个方面特征：首先，大规模天线系统时，小尺度衰落参数 m 的影响将被消除，近似可达和速率由参数大尺度衰落参数 s_{l}、收发距离 D_{l}、功率参数 Ω_{0} 和 Ω_{l} 以及路径损耗指数 υ 决定；其次，随着基站天线数 N_{r} 的增加，发射功率随之降低为原来功率的 $1/N_{r}$，而不影响系统性能；最后，大规模天线系统时，所提方案性能无限接近理论分析性能。

4.7 仿真结果

本节对本章所提矩匹配近似分析方法与蒙特卡洛性能和速率性能进行仿真验证。首先，根据式（4.4）与式（4.5）分别生成100000次小尺度衰落和阴影衰落的随机矩阵；其次，根据矩匹配近似分析方法，给出分布式MIMO近似可达和速率、误符号率以及中断概率分析表达式，并进行仿真验证；最后，所提近似方案在大规模天线下的渐进分析，并进行仿真验证。

图4-2所示为所提矩匹配近似分析方法的近似和速率与理论分析和速率（式（4.13））性能的对比。仿真的系统参数设置为：基站天线数目为 $N_{r}=6$，12，42，RAP的数目为 $L=3$，每个RAP天线数目为 $N_{t}=2$，小尺度衰落参数 $\Omega_{0}=1$ 与 $m=2$，阴影衰落参数 $\Omega_{l}=2$ 与 $s_{l}=1$，路径损耗指数为 $\upsilon=4$，三个RAP到基站的距离分别为1000m、1500m、2000m。

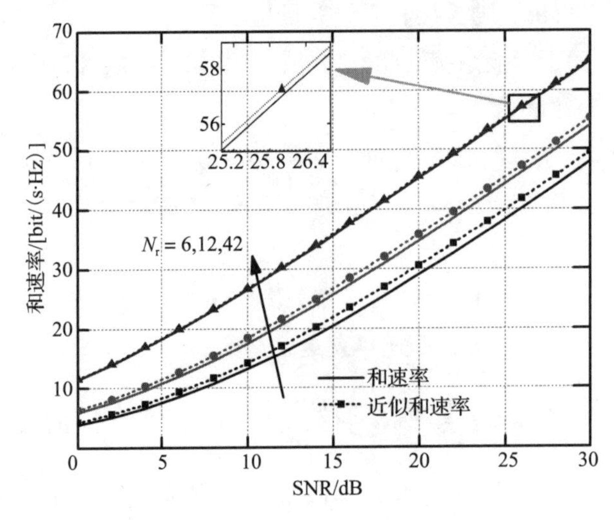

图4-2　分析和速率与近似和速率性能比较

从图 4-2 可以看出，当基站天线数为 6（基站天线数与 RAP 天线数相等）时，可达和速率与所提近似和速率相差约 0. 8dB，而当基站天线数为 12 时，可达和速率与所提近似和速率相差减小为约 0. 2dB，最后当基站天线数为 42 时，可达和速率与近似和速率性能曲线几乎重合（由图 4-2 中放大部分可以看出差距很小，几乎可以忽略）。因此，可得出所提近似分析方法随着基站天线数的增加逼近性能逐渐增强，并且随着基站天线数目的增加和速率也随之增加。此外，还可以得出，在低 SNR 范围内，和速率随着 SNR 呈对数增加；而在高 SNR 范围内，和速率随着 SNR 呈线性增加。最后，由图 4-2 还可以看出所提近似分析方法在整个 SNR 范围内都适用。

为了进一步分析参数对系统性能的影响。图 4-3 给出高 SNR 下所提近似分析方法的近似和速率与理论分析和速率逼近性能。本仿真系统参数设置除了基站接收天线数 $N_r=6$，12，30 外，其他参数设置与图 4-2 一致。

图 4-3 所示为所提近似分析方法高 SNR 下近似和速率与理论和速率逼近性能。正如预期，所提方案在高 SNR 近似和速率非常接近理论和速率性能，并且随着基站天线数的增加逼近性能逐渐增加。特别地，在基站天线数为 30 时，近似和速率性能曲线与理论和速率性能曲线基本重合。因此，本近似分析方法在大规模 MIMO 系统可以认为是确切性能值。

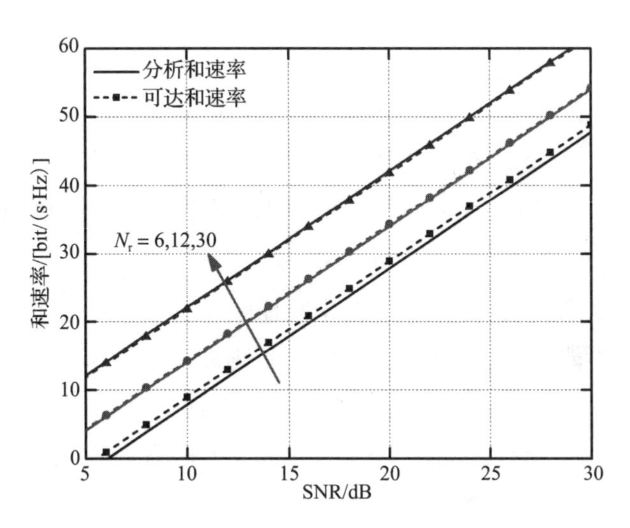

图 4-3　高 SNR 下理论和速率与近似和速率性能比较

可达和速率性能是一种累加结果，不能完全反应系统实际性能。图 4-4 给出了所提近似分析方法的近似误符号率性能。本仿真所使用的参数设置为：基站天线数 $N_r=12$，48，RAP 数目 $L=3$，每个 RAP 的天线数目 $N_t=2$，小尺度衰落参数 $\Omega_0=1$、$m=2$，阴影衰落参数 $\Omega_l=2$、$s_l=2$，路径损耗指数为 $v=3$，用户到基站的距离分别为 800m、1000m、1400m。由于每个 RAP 均有两个天线，每个 RAP 子信道的大尺度衰落因子是相同的，因此每个 RAP 子信道的误符号率性能相等，鉴于此只分析第 1、3、5 子信道的误符号率性能。

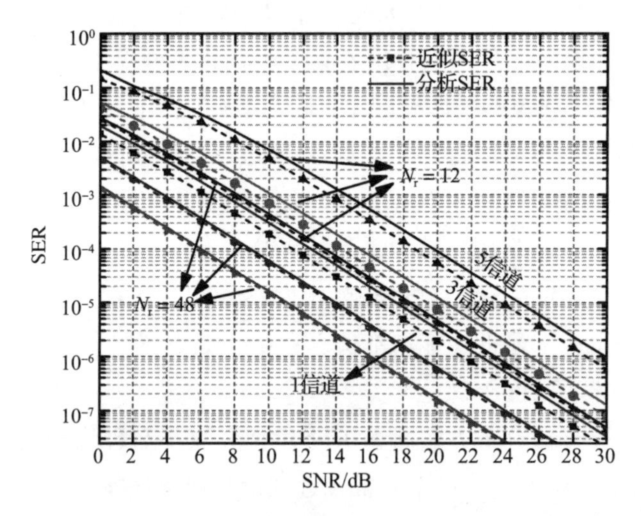

图 4-4 理论误符号率与近似误符号率性能比较

如图 4-4 所示，在基站天线数目为 12，总 RAP 天线数目为 6 时，系统三个子信道近似误符号率（虚线）与分析误符号率（实线）有 1dB 差距；而当基站天线数目增加至 48 时，系统三个子信道误符号率几乎一致。因此，可以得到所提近似误符号率性能随着基站天线数目增加逼近性能逐渐增强。此外，图 4-4 还表明三个子信道的误符号率性能依次是 $SER_1>SER_3>SER_5$，原因在于 1 子信道所在 RAP 离基站距离最近，依次是 2、3 子信道，距离分别为 800m、1000m、1400m。因此，可以得出误符号率性能和基站与 RAP 间的距离有很大关系，这与 4.5.2 节理论分析结果一致。

中断概率能够反映系统在衰落环境下的中断性能。图 4-5 通过仿真验证所提近似分析方法的近似中断概率性能。本仿真参数设置为：基站天线数 $N_r=12$，48，RAP 数目 $L=3$，每个 RAP 的天线数目 $N_t=2$，小尺度衰落参数 $\Omega_0=1$、$m=2$，阴影衰落参数 $\Omega_l=2$、$s_l=2$，路径损耗指数 $\upsilon=4$，用户到基站的距离分别为 1000m、1500m、2000m。与图 4-4 相同，我们只分析第 1、3、5 子信道的中断概率性能。

由图 4-5 可知，就近似中断概率的逼近程度而言，基站天线数目为 48 时的逼近程度要好于基站天线数目为 12 的情况。因此，可以得到所提近似中断概率性能随着基站天线数目增加，逼近性能逐渐增强。此外，图 4-5 还表明三个子信道的中断概率性能依次是$OP_1>OP_3>OP_5$，原因在于随着 RAP 到基站距离的增加，中断概率性能逐渐降低，这与 4.5.3 节理论分析结果一致。最后，基站天线数目为 48 时的中断概率性能要优于基站天线数目为 12 时的中断概率性能，因此，可以得出大规模 MIMO 系统对于中断概率性能总是有益的。

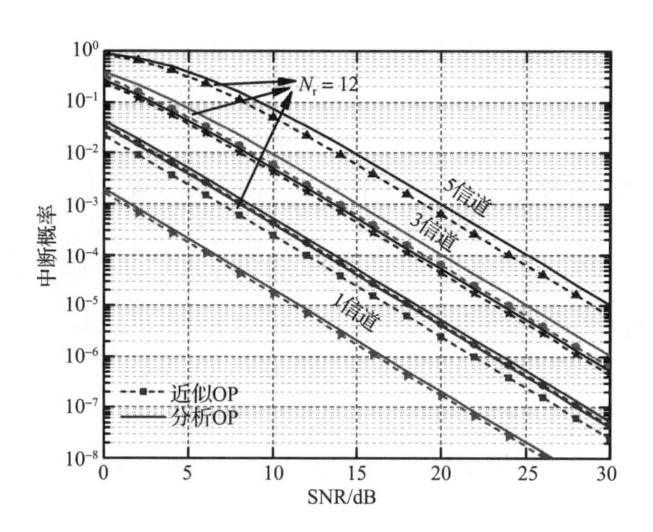

图 4-5　理论中断概率与中断概率性能比较

图 4-6 所示为所提近似分析方法大规模 MIMO 渐进性能分析以及和速率逼近情况分析。在大规模 MIMO 分析时，考虑单天线功率固定 $p_{\mathrm{u}}=30\mathrm{dB}$ 和总功率固定 $p_{\mathrm{u}}=30/N_{\mathrm{r}}\mathrm{dB}$ 两种情况。系统参数设置除了发射功率和基站天线数外，均与图 4-1 相同。

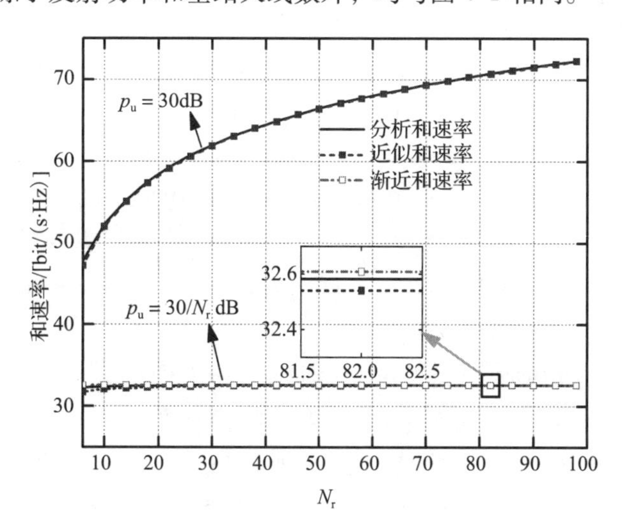

图 4-6　大规模 MIMO 理论和速率、极限和速率与近似和速率性能比较

图 4-6 给出了在大规模 MIMO 配置下所提近似分析方法近似和速率、理论分析和速率以及渐进和速率性能。当 $p_{\mathrm{u}}=30\mathrm{dB}$ 时，所提近似分析方法和速率性能随着基站天线数目的增加呈对数增加，逐渐趋于无穷。当 $p_{\mathrm{u}}=30/N_{\mathrm{r}}$ dB 时，所提近似分析方法和速率性能随着基站天线数目的增加趋于固定常量。最后，在大规模 MIMO 系统配置下，两种情况的渐进性能充分逼近理论分析和速率，并且随着基站天线数的增加逼近程度逐渐增强。

4.8 本章小结

本章主要针对分布式大规模 MIMO 系统复合衰落信道近似性能进行研究。首先，针对分布式 MIMO 系统中复合衰落信道性能分析涉及特殊函数这一问题，提出一种基于矩匹配理论近似分析方法。所提近似分析方法使用伽马分布函数近似复合衰落分布函数，通过匹配近似分布函数与复合分布函数的均值和方差，获得伽马分布函数的 PDF。其次，利用所提近似分析方法进一步分析了基于 ZF 接收的近似和速率、误符号率以及中断概率性能，并对高 SNR 和低 SNR 近似和速率进行分析。最后，对所提近似分析方法进行大规模 MIMO 近似渐进性能分析。研究表明，所提近似分析方法在大规模 MIMO 系统时能够充分逼近精确理论分析值。

参考文献

[1] Xingwang Li, Xueqing Yang, Yanping Xu, et al. Approximate Sum Rate of Distributed MIMO with ZF Receives Over Semi-Correlated K Fading Channels[C]. 2016 19th International Symposium on Wireless Personal Multimedia Communications (WPMC)., 2016: 1-6.

[2] X Li, X Yang, L Li, et al. Performance Analysis of Distributed MIMO with ZF Receivers over Semi-Correlated K Fading Channels[J]. accepted by IEEE Access, 2017.

[3] N D Chatzidiamantis, G K Karagiannidis. On the Distribution of the Sum of Gamma-Gamma variates and Application in RF and Optical Wireless Communications[J]. IEEE Trans. Commun., 2011, 5(59): 1298-1308.

[4] M Matthaiou, C Zhong, M R Mckay, et al. Sum Rate Analysis of ZF Receivers in Distributed MIMO Systems[J]. IEEE J. Sel. Areas Commun., 2013,2(31): 180-191.

[5] M Matthaiou, N D Chatzidiamantis, G K Karagiannidis, et al. On the Capacity of Generalized-K Fading MIMO Channels[J]. IEEE Trans. Signal Process., 2010,11(58): 5939-5944.

[6] S Al-Ahmadi, H Yanikomeroglu. On the approximation of Generalize-K Distribution by a Aamma Distribution for Modeling Composite Fading Channels[J]. IEEE Trans. Wireless Commun., 2010,2(9): 706-713.

[7] L Lu, G Y Li, A L Swindlehurst, et al. An Overiew of Massive MIMO: Benefits and Challenges[J]. IEEE J. Sel. Topics in Signal Process., 2014,5(8): 742-758.

[8] M Matthaiou, N D Chatzidiamantis, G K Karagiannidis, et al. ZF Detectors Over Correlated K Fading MIMO Channels[J]. IEEE Trans. Commun., 2011,6(59): 1591-1603.

[9] M K Simon, M S Alouini. Digital Communication over Fading Channels[M]. 2nd ed. John Wiley & Sons Inc., 2005.

[10] F Boccardi, R W Heath, A Lozano, et al. Five Disruptive Technology Directions for 5G[J]. IEEE Commun. Mag., 2014,2(52): 74-80.

[11] H Q Ngo, E G Larsson, T L Marzetta. Energy and Spectral Efficiency of Very Large Multiuser MIMO System[J]. IEEE Trans. Commun., 2013,4(61): 1436-1449.

[12] X Li, L Li, L Xie, et al. Performance Analysis of 3D Massive MIMO Cellular Systems with Collaborative Base Station[J]. International Journal of Antennas and Propagation, 2014: 1-12.

[13] XW Li, LH Li, X Su et al. Approximate Capacity Analysis for Distributed MIMO System Over Generalized-K Fading Channels[C]. IEEE Wireless Communications and Networking Conference (WCNC), 2015.

[14] S Verdu. Spectral efficiency in the Wideband Regime[J]. IEEE Trans. Inf. Theory, 2002,6(48): 1319-1343.

[15] A Lozano, A M Tulino, S Verdu. Multiple-Antenna Capacity in the Low-power Regime[J]. IEEE Trans. Inf. Theory, 2003,10(49): 2527-2544.

第5章

莱斯/伽马复合衰落信道小小区协作二维 MIMO 接收检测技术及性能

第4章针对单小区分布式二维 MIMO 系统接收检测技术及其衰落性能进行了分析。随着移动通信的迅速发展，热点和密集场景的覆盖问题日益突出，小小区（Small Cell Networks，SCN）密集部署能够有效解决这一问题。然而，SCN 的优势受限于小小区间切换和小小区间干扰，为解决这一问题，协作传输机制被引入到 SCN 中。因此，本章研究基于莱斯/伽马衰落信道小小区协作二维 MIMO 系统 ZF 接收检测性能。首先，推导给出 SCN 系统和速率、误符号率以及中断概率的闭式表达式，所得闭式表达式适用于任意莱斯衰落因子、相关系数、天线数，并且在整个 SNR 范围内充分逼近理论性能。为了揭示衰落和系统参数对系统性能的影响，针对高/低 SNR 下 SCN 系统渐进性能进行分析，推导给出渐进性能的闭式表达式。最后，通过计算机仿真表明所得理论分析结果能够充分逼近蒙特卡洛仿真结果。

5.1 研究背景

随着移动通信的发展，大数据量的设备和服务逐渐成为主流，例如高分辨率视频、网上游戏、物联网等，移动运营商面临巨大挑战。为了满足未来移动通信需求，SCN 技术被提出用于满足未来通信的高数据速率需求[1]。在 SCN 中，由于部署大量自治的低成本低功率基站[2]，使得 SCN 具有诸多方面优势，例如较小的路径损耗、时频空间资源的复用等。

尽管 SCN 是一种有重要前景的技术，但是针对这方面的研究仍存在许多问题[2,3]。

1）在 SCN 场景中，传播波形具有不可预测性。

2）在 SCN 场景中，由于小区半径小和基站天线低的特点，小小区基站和用户间的信道为具有确定分量或 LoS 成分的衰落信道[3]。

3）在用户中/高速移动 SCN 场景中，小小区基站间需要频繁切换[4]。

4）由于小小区基站间距离较近，小小区基站间干扰相对于传统宏蜂窝较严重。

鉴于以上的讨论，本章研究基于 ZF 检测算法下协作 SCN 系统衰落性能，其中衰落信道同时考虑莱斯（Rician）多径衰落信道、伽马（Gamma）阴影衰落信道，路径损耗以及发送端天线相关性。在 SCN 协作模型中，所有的小小区基站通过无延迟、误差错回程链路（例如，光纤或高速电缆）连接到中央服务器。在 SCN 系统中，由于接收和发送端距离很小，收发端信道特征具有确定分量或 LoS 的衰落信道。在衰落信道中，莱斯衰落信道能够充分表征无线通信中的 LoS 衰落变化[3,4]。在无线通信衰落环境中，对数正态模型被广泛应用于表征阴影衰落环境[3]。因此，莱斯/对数正态（Rician/Lognormal，RCLN）复合衰落信道模型被引入表征 SCN 衰落环境[5]。RCLN 复合衰落模型的缺点在于系统 SNR 的 PDF 没有闭式表达式，不利于进一步分析其性能。为了解决这一问题，LN 阴影衰落使用伽马函数来近似，M. K. Simon 和 A. Abdi 分别通过实验测量表明伽马能够充分逼近对数正态分布函数[6]。然而，当前的研究主要是针对小尺度衰落[3,4,7]或者假设大尺度衰落为固定常量。此外，天线间空间相关性对 SCN 系统性能的影响也没有涉及。M. S. Alouini 指出由于不同接入距离和阴影衰落使得大尺度衰落不同，而且大尺度衰落影响不能够通过预处理算法进行消除[9]。因此，基于复合衰落信道 SCN 系统性能的研究具有重大意义。

在本章中，研究基于空间相关莱斯/伽马衰落信道下 SCN 系统 ZF 接收性能。据研究者所知，相关的研究成果发表在文献［4，8-10］中。X. Li 通过文献［9］推导给出 RLN 复合衰落信道下多小区协作 MIMO 系统和速率下界的闭式表达式，然而文献［9］研究只适用于 NLoS 衰落环境，没有考虑到 SCN；利用空间点泊松模型，F. Mirhosseini 研究密集 SCN 系统性能，同样该研究没有考虑能表征 LoS 传播环境的莱斯衰落信道，并且天线空间相关性以及大尺度衰落也没有涉及[10]。基于有限状态马尔科夫模型，K. Zheng 利用文献［8］分析协作 SCN 队列性能。借助于随机矩阵理论，J. Hoydis 推导给出了莱斯衰落信道下协作 SCN 中断概率性能的闭式表达式[4]。然而，上述研究的不足之处在于没有考虑到阴影衰落、天线空间相关性以及 ZF 接收。

鉴于以上分析，本章研究莱斯/伽马复合衰落信道下协作 SCN 系统 ZF 接收性能，其中莱斯衰落信道具有任意确定性分量，并且发送端天线间空间相关也在考虑范围之内。本研究内容包括三个性能评价指标：可达和速率、误符号率以及中断概率。本章的主要贡献如下。

1）通过考虑通用协作 SCN 系统和 ZF 接收检测算法，推导给出空间相关莱斯/伽马复合衰落信道瞬时 SNR 的闭式表达式，其中莱斯衰落信道矩阵具有任意秩均值。所得结果能够用于协作 SCN 系统的可达和速率、误符号率、中断概率以及近似性能分析。

2）利用所得的 PDF，推导给出协作 SCN 系统的可达和速率、误符号率以及中断概率性能的闭式表达式。所得闭式表达式能够适用于任意莱斯衰落因子和相关性，同时所得结论在整个 SNR 范围内充分逼近蒙特卡洛仿真结果。

3）为了分析系统和衰落参数对 SCN 系统性能的影响，本章接着研究高/低 SNR 下 SCN 系统渐进性能。在进行高/低 SNR 分析时，主要考虑每比特信息最小能量、宽带斜率、分集阶数以及阵列增益等指标。上述指标能够充分揭示系统和衰落参数对 SCN 系统性能的影响，并能够准确预测其性能。

5.2 协作模型与 SNR 统计特征

本节考虑具有 L 个小区的上行协作 SCN 系统，如图 5-1 所示。每个小区包括一个 N_r 天线的小小区 BS 和 K 个 N_t 天线的终端用户（User Terminals，UT），其中基站天线数大于 UT 天线数（$N_r \geqslant LKN_t$）。在协作 SCN 中，所有小小区 BS 通过理想回程链路连接到中央服务器（Central Service，CS），小小区 BS 接收到的所有信息由中央处理器统一处理。协作的主要目的是为了避免小小区 BS 间的频繁切换操作。实际上，由于有限的回程链路，实现所有小小区 BS 接收的信息统一处理是非常困难的，一种比较实际的方法是将所有小小区分为多个簇，每个簇内小小区 BS 完全协作，信号由中央处理器统一处理，最佳的分簇策略是未来研究的重要方向，将作为本节的后续工作。假设小小区 BS 已知所有小小区的 CSI，而所有 UT 未知任何 CSI 信息。因此，在第 l 个小小区 BS 接收信息为

$$\boldsymbol{y}_l = \sum_{i=1}^{L}\sum_{k=1}^{K}\sqrt{p_{\mathrm{u}}\xi_{lik}D_{lik}^{-\upsilon}}\,\boldsymbol{h}_{lik}\boldsymbol{R}_{Tlik}^{1/2}\boldsymbol{s}_{lik} + \boldsymbol{n}_l \tag{5.1}$$

式中，p_{u} 为每个 UT 的平均发射功率；$\boldsymbol{s}_{lik}\in\mathbb{C}^{N_{\mathrm{t}}\times 1}$ 为第 i 个小小区内第 k 个 UT 发射到第 l 个小小区 BS 的符号向量，$k=1$，…，K，$l=1$，…，L，$i=1$，…，L；$\boldsymbol{h}_{lik}\in\mathbb{C}^{N_{\mathrm{r}}\times N_{\mathrm{t}}}$ 为第 i 个小小区内第 k 个 UT 与第 l 个小小区 BS 间的多径衰落，ξ_{lik} 为第 i 个小小区内第 k 个 UT 与第 l 个小小区 BS 间的阴影衰落；D_{lik} 为第 i 个小小区内第 k 个 UT 与第 l 个小小区 BS 间的距离，$\upsilon\in[2,\ 8]$ 为路径损耗指数；$\boldsymbol{n}_l$ 为均值为 0、方差为 N_0 的复 AWGN，$\boldsymbol{n}_l\sim\mathcal{CN}(0,\ N_0\boldsymbol{I}_{N_{\mathrm{r}}})$；$\boldsymbol{R}_{Tlik}\in\mathbb{R}^{N_{\mathrm{t}}\times N_{\mathrm{t}}}$ 为发送端相关矩阵，为正定协方差矩阵。需要注意的是，本节假设天线相关性只发生在同一 UT 间的天线，其原因在于：①假设小小区 BS 空间非受限；②不同的 UT 分布于不同的地理位置[9]。本节考虑指数相关模型，其元素可表示为

$$[\boldsymbol{R}_{Tlik}]_{mn} = \rho^{|m-n|},\quad m,n = 1,\cdots,N_{\mathrm{t}} \tag{5.2}$$

式中，$|\rho|\in[0,\ 1]$ 为发送端相关系数。

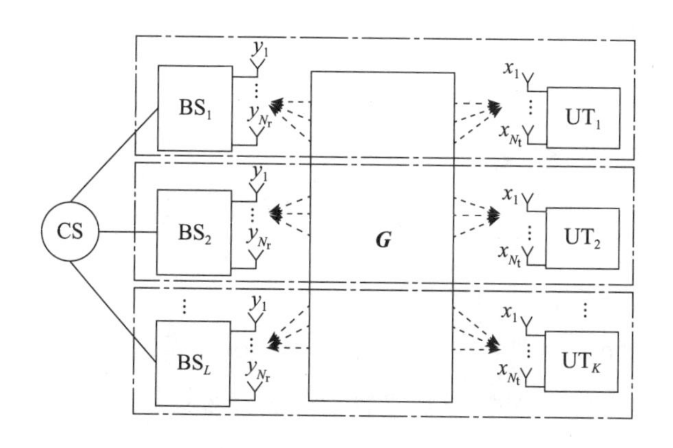

图 5-1　SCN 系统框图

对于阴影衰落，为了便于数学分析的伽马分布，则阴影衰落系统 ξ_{lik} 的 PDF 可表示为

$$p(\xi_{lik}) = \frac{\xi_{lik}^{s_{lik}-1}}{\Gamma(s_{lik})\Omega_{lik}^{s_{lik}}}\exp\left(-\frac{\xi_{lik}}{\Omega_{lik}}\right),\quad \xi_{lik},\Omega_{lik},s_{lik}\geqslant 0 \tag{5.3}$$

式中，s_{lik} 为伽马阴影衰落的形状参数，其值与阴影衰落程度成反比，例如，当 s_{lik} 趋于无穷时（$s_{lik}\to\infty$），表示无衰落情况；$\Omega_{lik}=\mathrm{E}[\xi_{lik}]/s_{lik}$ 为伽马阴影衰落的尺度参数；$\Gamma(\cdot)$ 为伽马函数。

在小小区 BS 协作模型条件下，式（5.1）中的输入输出关系表达式可以重新表示为以

下形式

$$\boldsymbol{y}_l = \sqrt{\frac{P}{LKN_t}}\boldsymbol{G}_l\boldsymbol{s} + \boldsymbol{n}_l \tag{5.4}$$

式中，$P = LKN_t p_u$ 为所有 UT 的总发射功率；$\boldsymbol{s} = [\boldsymbol{s}_1, \cdots, \boldsymbol{s}_L]^{\mathrm{T}} \in \mathbb{C}^{LKN_t \times 1}$ 为所有 UT 发送的符号向量，$\boldsymbol{s}_i = [\boldsymbol{s}_{i1}, \cdots, \boldsymbol{s}_{iK}] \in \mathbb{C}^{1 \times KN_t}$，$\boldsymbol{s}_{ik} = [s_{ik1}, \cdots, s_{ikN_t}] \in \mathbb{C}^{1 \times N_t}$，$i = 1, \cdots, L$，$k = 1, \cdots, K$；$\boldsymbol{G}_l$ 为第 l 个小小区 BS 与所有 UT 间信道矩阵。

信道矩阵$\boldsymbol{G}_l$ 包括莱斯多径衰落、伽马阴影衰落以及基于几何模型的路径损耗，其表达式为

$$\boldsymbol{G}_l = \boldsymbol{H}_l \boldsymbol{\Xi}_l^{1/2} \tag{5.5}$$

式中，$\boldsymbol{\Xi}_l \in \mathbb{C}^{LKN_t \times LKN_t}$为大尺度衰落矩阵，包括伽马阴影衰落和路径损耗；$\boldsymbol{H}_l$ 为多径衰落矩阵，$\boldsymbol{H}_l = [\boldsymbol{H}_{l1}, \cdots, \boldsymbol{H}_{lL}]$，$\boldsymbol{H}_{li} = [\boldsymbol{h}_{li1}, \cdots, \boldsymbol{h}_{liK}]$。假设多径衰落矩阵的元素服从行相关莱斯分布，则多径衰落矩阵可表示为

$$\boldsymbol{H}_l = \boldsymbol{H}_w \boldsymbol{R}_{Tl}^{\frac{1}{2}} [(\boldsymbol{\Omega} + \boldsymbol{I}_{LKN_t})^{-1}]^{\frac{1}{2}} + \overline{\boldsymbol{H}} [\boldsymbol{\Omega}(\boldsymbol{\Omega} + \boldsymbol{I}_{LKN_t})^{-1}]^{\frac{1}{2}} \tag{5.6}$$

式中，$\boldsymbol{H}_w$ 为莱斯衰落信道中的随机分量；$\overline{\boldsymbol{H}}$为莱斯衰落信道中的确定分量；$\boldsymbol{\Omega}$ 为 $LKN_t \times LKN_t$ 的对角矩阵$[\boldsymbol{\Omega}]_{mm} = \Lambda_m$，其 Λ_m 为莱斯衰落因子，定义为莱斯衰落中确定分量和随机分量功率之比。对于莱斯衰落信道，这里考虑具有任意秩通用情况下的确定分量

$$[\overline{\boldsymbol{H}}]_{mn} = \mathrm{e}^{\frac{-\mathrm{j}(m-1)2\pi d\sin(\vartheta_n)}{\lambda}} \tag{5.7}$$

式中，λ 为电磁波波长；d 为天线间距；ϑ_n 为第 n 个接收天线的到达角。相关矩阵$\boldsymbol{R}_T$ 的表达式为

$$\boldsymbol{R}_{Tl} = \mathrm{diag}\{\mathrm{diag}\{R_{Tlik}\}_{k=1}^{K}\}_{i=1}^{L} \tag{5.8}$$

式中，R_{Tlik}由式（5.2）给出。

接下来，针对空间相关莱斯/伽马衰落信道协作 SCN 系统，分析其瞬时 SNR 统计特征。假设使用 ZF 检测算法，则小小区 BS 接收后的数据信息可表示为

$$\boldsymbol{r} = \sqrt{\frac{P}{LKN_t}}\boldsymbol{T}_l^{\dagger}(\boldsymbol{G}_l\boldsymbol{s} + \boldsymbol{n}_l) = \sqrt{\frac{P}{LKN_t}}\boldsymbol{T}_l^{\dagger}\boldsymbol{G}_l\boldsymbol{s} + \boldsymbol{T}_l^{\dagger}\boldsymbol{n}_l \tag{5.9}$$

式中，$\boldsymbol{T}_l^{\dagger}$ 为 ZF 检测器；† 为矩阵进行伪逆操作符号，其表达式为

$$\boldsymbol{T}_l^{\dagger} = (\boldsymbol{G}_l^{\mathrm{H}}\boldsymbol{G}_l)^{-1}\boldsymbol{G}_l^{\mathrm{H}} \tag{5.10}$$

结合式（5.9）和式（5.10），ZF 检测器第 m 个输出端口的瞬时 SNR 为

$$\gamma_m = \frac{\gamma_0[\boldsymbol{\Xi}]_{mm}}{LKN_t[(\boldsymbol{H}_l^{\mathrm{H}}\boldsymbol{H}_l)^{-1}]_{mm}} \tag{5.11}$$

式中，$\gamma_0 = P/N_0$ 为发射端平均 SNR。

为了下面推导方便，进行如下定义：

$$\zeta_m = \frac{1}{[(\boldsymbol{H}_l^{\mathrm{H}} \boldsymbol{H}_l)^{-1}]_{mm}}, \quad m = 1, \cdots, LKN_{\mathrm{t}} \tag{5.12}$$

式中，$\boldsymbol{H}_l^{\mathrm{H}} \boldsymbol{H}_l$ 服从非中心复 Wishart 分布。$\boldsymbol{H}_l^{\mathrm{H}} \boldsymbol{H}_l$ 能够用中心 Wishart 分布来近似，则系数 ζ_m 服从卡方分布，其 PDF 可表示为

$$p_{\zeta_m}(\zeta_m) = \frac{[\overline{\boldsymbol{\Sigma}}^{-1}]_{mm}^{N_{\mathrm{r}}-LKN_{\mathrm{t}}+1}}{\Gamma(N_{\mathrm{r}} - LKN_{\mathrm{t}} + 1)} \zeta_m^{N_{\mathrm{r}}-LKN_{\mathrm{t}}} \exp(-[\overline{\boldsymbol{\Sigma}}^{-1}]_{mm} \zeta_m) \tag{5.13}$$

式中，$\overline{\boldsymbol{\Sigma}}$为中心 Wishart 分布式的协方差矩阵，其表达式为

$$\overline{\boldsymbol{\Sigma}} = \boldsymbol{R}_{Tl} (\boldsymbol{\Omega} + \boldsymbol{I}_{LKN_{\mathrm{t}}})^{-1} + \frac{1}{N_{\mathrm{r}}} [\boldsymbol{\Omega} (\boldsymbol{\Omega} + \boldsymbol{I}_{LKN_{\mathrm{t}}})^{-1}]^{\frac{1}{2}} \overline{\boldsymbol{H}}^{\mathrm{H}} \overline{\boldsymbol{H}} [\boldsymbol{\Omega} (\boldsymbol{\Omega} + \boldsymbol{I}_{LKN_{\mathrm{t}}})^{-1}]^{\frac{1}{2}} \tag{5.14}$$

下面的定理将给出莱斯/伽马复合衰落信道下协作 SCN 系统瞬时 SNR 的 PDF 的闭式表达式，该闭式表达式将用于推导获得第 5.3 节和第 5.4 节主要结论。

定理 5.1：莱斯/伽马复合衰落信道，利用 ZF 检测器，式（5.12）中瞬时 SNR 的 PDF 可表示为

$$p_{\gamma_m}(\gamma_m) = \frac{2}{\Gamma(N_{\mathrm{r}} - LKN_{\mathrm{t}} + 1)\Gamma(s_m)} b_m^{\frac{a_m+1}{2}} \gamma_m^{\frac{a_m-1}{2}} K_{c_m+1}(2\sqrt{b_m \gamma_m}) \tag{5.15}$$

式中，$a_m = N_{\mathrm{r}} - LKN_{\mathrm{t}} + s_m$，$b_m = \dfrac{[\overline{\boldsymbol{\Sigma}}^{-1}]_{mm} LKN_{\mathrm{t}} D_m^{v}}{\Omega_m \gamma_0}$，$c_m = N_{\mathrm{r}} - LKN_{\mathrm{t}} - s_m$，$K_v(\cdot)$ 为第二类 v 阶修正贝塞尔函数。

证明：详细的证明过程见 5.6.1 节。

5.3 可达和速率

本节中，将给出空间相关莱斯/伽马复合衰落信道下协作 SCN 系统 ZF 接收可达和速率的闭式表达式。为了进一步分析系统和衰落参数对可达和速率的影响，本节给出系统在高 SNR 和低 SNR 下的渐进性能。

利用类似于文献［11-14］的方法，空间相关莱斯/伽马复合衰落信道下协作 SCN 系统可达速率可表示为

$$R_l \stackrel{\mathrm{def}}{=} \sum_{m=1}^{LKN_{\mathrm{t}}} \mathrm{E}[\log_2(1 + \gamma_m)] \tag{5.16}$$

式中，期望操作是针对式（5.16）中的小尺度衰落矩阵 $\boldsymbol{H}$ 和大尺度衰落矩阵 $\boldsymbol{\Xi}$ 中的随机成分。需要注意的是信道假设是遍历的。基于上述讨论分析，系统可达和速率的闭式表达式将由下述定理给出。

定理 5.2：空间相关莱斯/伽马复合衰落信道，协作 SCN 系统 ZF 接收可达和速率可表示为

$$R_l = \frac{\log_2(\mathrm{e})}{\Gamma(N_{\mathrm{r}} - LKN_{\mathrm{t}} + 1)} \sum_{m=1}^{LKN_{\mathrm{t}}} \frac{1}{\Gamma(s_m)}$$

$$\times \mathrm{G}_{4,2}^{1,4}\left[\frac{\gamma_0 \Omega_m}{LKN_{\mathrm{t}} D_m^{v}\left[\overline{\boldsymbol{\Sigma}}^{-1}\right]_{mm}}\middle|\begin{matrix}1-s_m, LKN_{\mathrm{t}}-N_{\mathrm{r}}, 1, 1\\ 1, 0\end{matrix}\right] \tag{5.17}$$

式中，G[·] 为梅杰-G 函数。

证明：详细的证明过程见 5.6.2 节。

由定理 5.2 可以看出，式（5.17）给出协作 SCN 系统中断概率性能可以表示为闭式形式，并能够用标准的仿真软件包进行仿真评估，例如 Mathematica 和 Maple。然而由于式（5.17）涉及复杂的梅杰-G 函数，不利于进一步分析系统和衰落参数对可达和速率性能的影响。因此，下面将对高 SNR 和低 SNR 下系统可达和速率的渐进性能进行分析，并推导给出渐进性能的闭式表达式，具体分析将由下述推论给出。

推论 5.1：在高 SNR 情况下，空间相关莱斯/伽马复合衰落协作 SCN 系统 ZF 接收可达和速率可表示为

$$\begin{aligned} R_l^{\infty} &= LKN_{\mathrm{t}} \log_2\left(\frac{\gamma_0}{LKN_{\mathrm{t}}}\right) + \frac{LKN_{\mathrm{t}}}{\ln 2}\varphi(N_{\mathrm{r}} - LKN_{\mathrm{t}} + 1) \\ &\quad + \sum_{m=1}^{LKN_{\mathrm{t}}}\left[\frac{\varphi(s_m)}{\ln 2} + \log_2\left(\frac{\Omega_m}{\left[\overline{\boldsymbol{\Sigma}}^{-1}\right]_{mm}}\right) - v\log_2(D_m)\right] \end{aligned} \tag{5.18}$$

式中，$\varphi(\cdot)$ 为双伽马函数。

证明：将式（5.11）代入式（5.16），并令式（5.16）中的平均 SNR 趋于无穷（$\gamma_0 \to \infty$）。则对数中的主项为 $\gamma_o \zeta_m \xi_m / LKN_{\mathrm{t}} D_m^{v}$。接着连续运用下述积分等式：

$$\int_0^{\infty} x^{v-1} \exp(-\mu x) \ln(x) \mathrm{d}x = \frac{\Gamma(v)}{\mu^{v}}[\varphi(v) - \ln\mu] \tag{5.19}$$

$$\int_0^{\infty} x^{v-1} \exp(-\mu x) \mathrm{d}x = \frac{\Gamma(v)}{\mu^{v}} \tag{5.20}$$

通过一些化简操作，可以得到推论 5.1 的结论。

明显地，推论 5.1 揭示出，在高 SNR 情况下，收发天线数、小尺度衰落、大尺度衰落和发送端天线相关性被解耦合。上述推论还表明空间天线相关性由于削弱空间分集而降低系统可达和速率，这与文献［7，9］的结论一致。最后，还可以发现系统可达和速率随着平均发送功率 γ_0 增加呈对数增加，而随着收发端距离 D_m 和多径参数$[\overline{\boldsymbol{\Sigma}}^{-1}]_{mm}$的增加呈对数递减。

针对低 SNR 分析，我们采用文献［15］提出的通用方法。文献［15］指出系统可达和速率低 SNR 分析可以用归一化每比特信息发送能量 E_{b}/N_0 和宽带斜率 S_0 两个性能参数来表示，具体表达式为

$$R\left(\frac{E_{\mathrm{b}}}{N_0}\right) \approx S_0 \log_2\left(\frac{\dfrac{E_{\mathrm{b}}}{N_0}}{\dfrac{E_{\mathrm{b}}}{N_{0\min}}}\right) \tag{5.21}$$

式中，$E_b/N_{0\min}$为可靠传递每比特信息所需最小归一化能量；S_0 为宽带斜率。根据文献［15，16］，$E_b/N_{0\min}$和 S_0 可表示为如下形式：

$$\frac{E_b}{N_{0\min}} = \frac{1}{\dot{R}(0)}, \quad S_0 = -\frac{2\ln 2\,(\dot{R}(0))^2}{\ddot{R}(0)} \tag{5.22}$$

式中，$\dot{R}(0)$ 和 $\ddot{R}(0)$ 分别为系统可达和速率关于平均 SNR 的一、二阶导数。

推论 5.2：低 SNR 情况下，可靠传递每比特信息所需最小归一化能量和宽带斜率分别为

$$\frac{E_b}{N_{0\min}} = \frac{LKN_t\ln 2}{N_r - LKN_t + 1}\left(\sum_{m=1}^{LKN_t}\frac{s_m\Omega_m}{[\bar{\boldsymbol{\Sigma}}^{-1}]_{mm}D_m^{\upsilon}}\right)^{-1} \tag{5.23}$$

$$S_0 = \frac{2(N_r - LKN_t + 1)}{N_r - LKN_t + 2}\frac{\left(\sum_{m=1}^{LKN_t}\frac{s_m\Omega_m}{[\bar{\boldsymbol{\Sigma}}^{-1}]_{mm}D_m^{\upsilon}}\right)^2}{\sum_{m=1}^{LKN_t}\frac{s_m(s_m+1)\Omega_m^2}{([\bar{\boldsymbol{\Sigma}}^{-1}]_{mm}D_m^{\upsilon})^2}} \tag{5.24}$$

证明：详细的证明过程见 5.6.3 节。

推论 5.2 表明可靠传递每比特信息所需最小归一化能量和宽带斜率由协作小区个数 L、接收端天线数 N_r、发送端天线数 KN_t、多径衰落参数$[\bar{\boldsymbol{\Sigma}}^{-1}]_{mm}$、阴影衰落参数 s_m，Ω_m 以及路径损耗参数 D_m，υ 决定。此外，由上述推论还可以发现增加 UT 数目对系统可达和速率并不总是有益，因为增加 UT 数目就需要增加$E_b/N_{0\min}$来消除由于增加 UT 带来的干扰。对于单用户瑞利/伽马复合衰落信道（$L=1$，$\boldsymbol{\Omega}=\boldsymbol{0}_{KN_t}$），上述两个性能指标则可以化简为

$$E_b/N_{0\min} = KN_t\ln 2/N_r - KN_t + 1\left(\sum_{m=1}^{KN_t}s_m\Omega_m/[\bar{\boldsymbol{\Sigma}}^{-1}]_{mm}D_m^{\upsilon}\right)^{-1}$$

和

$$S_0 = 2(N_r - KN_t + 1)/N_r - KN_t + 2\,\frac{\left(\sum_{m=1}^{KN_t}s_m\Omega_m/[\bar{\boldsymbol{\Sigma}}^{-1}]_{mm}D_m^{\upsilon}\right)^2}{\sum_{m=1}^{KN_t}s_m(s_m+1)\Omega_m^2/([\bar{\boldsymbol{\Sigma}}^{-1}]_{mm})^2D_m^{2\upsilon}}$$

该结论与文献［16］的结论一致。

5.4 误符号率和中断概率

5.4.1 误符号率

在本节中，将研究空间相关莱斯/伽马复合衰落信道协作 SCN 系统 ZF 接收误符号率性

能。为了可扩展性能的目的，本小节采用通用方法。因此，在多种调制方式下（BPSK，M-ary PSK，M-ary PAM）系统的误符号率为

$$\mathrm{SER}_m \stackrel{\mathrm{def}}{=} \alpha_m \mathrm{E}[\mathrm{Q}(\sqrt{2\beta_m \gamma_m})], \quad m = 1,\cdots,LKN_\mathrm{t} \tag{5.25}$$

式中，$\mathrm{Q}(x) = \frac{1}{\sqrt{2\pi}}\int_x^\infty \mathrm{e}^{-t^2/2}\mathrm{d}t$ 为高斯Q函数[6]；α_m 和 β_m 为用于表征调制类型的调制常量，例如，当 $\alpha_m = \beta_m = 1$ 时，表示BPSK调制，当 $\alpha_m = 1$，$\beta_m = \sin(\pi/M)$ 时，表示M-ary PSK调制。SCN系统第 m 个子信道的误符号率的理论分析表达式由下述定理给出。

定理5.3：空间相关莱斯/伽马复合衰落信道，协作SCN系统第 m 个子信道的误符号率的分析表达式为

$$\mathrm{SER}_m = \frac{\alpha_m}{2\sqrt{\pi}\Gamma(N_\mathrm{r} - LKN_\mathrm{t} + 1)\Gamma(s_m)} \times \mathrm{G}_{32}^{22}\left[\frac{\gamma_0 \beta_m \Omega_m}{LKN_\mathrm{t} D_m^v [\overline{\boldsymbol{\Sigma}}^{-1}]_{mm}} \middle| \begin{matrix} LKN_\mathrm{t} - N_\mathrm{r}, 1 - s_m, 1 \\ 0, \frac{1}{2} \end{matrix}\right] \tag{5.26}$$

证明：详细的证明过程见5.6.4节。

尽管定理5.3的结论可以表示为闭式形式，由于最终结果涉及特殊的梅杰-G函数，不利于进一步分析系统和衰落参数对误符号率性能的影响。鉴于此，接着将针对高SNR情况下系统渐进性能进行分析，该分析主要针对分集阶数和阵列增益两个参数。

推论5.3：高SNR情况下，空间相关莱斯/伽马复合衰落信道下协作SCN系统第 m 个子信道的误符号率性能可表示为

$$\mathrm{SER}_m = (G_\mathrm{a}(m)\gamma_0)^{-G_\mathrm{d}(m)} + o(\gamma_0^{-G_\mathrm{d}(m)}) \tag{5.27}$$

式中，$G_\mathrm{d}(m)$ 为系统分集增益；$G_\mathrm{a}(m)$ 为系统的阵列增益（也称为编码增益）。分集增益和阵列增益分别由下式确定：

$$G_\mathrm{d}(m) = p \tag{5.28}$$

$$G_\mathrm{a}(m) = \frac{\Omega_m}{LKN_\mathrm{t} D_m^v [\overline{\boldsymbol{\Sigma}}^{-1}]_{mm}} \left(\frac{\alpha_m}{2\sqrt{\pi}\beta_m^p} \frac{\Gamma(q-p)\Gamma\left(p+\frac{1}{2}\right)}{\Gamma(p+1)\Gamma(q)}\right)^{-\frac{1}{p}} \tag{5.29}$$

式中，$p = \min\{N_\mathrm{r} - LKN_\mathrm{t} + 1, s_m\}$；$q = \max\{N_\mathrm{r} - LKN_\mathrm{t} + 1, s_m\}$。

证明：详细证明见5.6.5节。

推论5.3表明分集增益有系统维度和伽马函数形状参数的最小值确定，与调制参数、收发端距离以及伽马函数的尺度参数相互独立。上述推论还揭示出系统的阵列增益与系统参数、衰落参数以及调制参数相关。

5.4.2 中断概率

针对准静态或者块衰落信道，分析其中断概率行为比较合适。中断概率定义为瞬时SNR低于某一固定阈值的概率，其具体表达式为

$$P_{\mathrm{out},m} \stackrel{\mathrm{def}}{=} \Pr(\gamma_m \leqslant \gamma_{\mathrm{th}}) \tag{5.30}$$

基于上述定义，空间相关莱斯/伽马复合衰落信道下协作SCN系统第 m 个子信道的中断概率性能由下述定理给出。

定理5.4： 空间相关莱斯/伽马衰落信道，协作SCN系统ZF接收第 m 个子信道的中断概率性能可表示为

$$\begin{aligned} P_{\mathrm{out},m} &= \frac{1}{\Gamma(N_{\mathrm{r}} - LKN_{\mathrm{t}} + 1)\Gamma(s_m)} \\ &\quad \times \mathrm{G}_{13}^{21}\left[\frac{[\bar{\boldsymbol{\Sigma}}^{-1}]_{mm} LKN_{\mathrm{t}} D_m^{v} \gamma_{\mathrm{th}}}{\Omega_m \gamma_0} \middle| \begin{matrix} 1 \\ 0, N_{\mathrm{r}} - LKN_{\mathrm{t}} + 1, s_m \end{matrix}\right] \end{aligned} \tag{5.31}$$

证明： 详细证明过程见5.6.6节。

同理，由定理5.4还可以看出，莱斯/伽马复合衰落信道下协作SCN系统的中断概率性能可以表示为闭式形式，并能够用标准的仿真软件包进行评估，例如Mathematics或者Maple。同样地，式（5.31）的结论不能够反映系统和衰落参数对中断概率性能的影响。鉴于此，推论5.4将针对高SNR下系统渐进中断概率性能进行分析。

推论5.4： 高SNR情况下，空间相关莱斯/伽马复合衰落信道下协作SCN系统ZF接收第 m 个子信道的中断概率性能可表示为

$$P_{\mathrm{out},m}^{\infty} = \frac{\Gamma(q-p)}{\Gamma(p+1)\Gamma(q)}\left(\frac{[\bar{\boldsymbol{\Sigma}}^{-1}]_{mm} LKN_{\mathrm{t}} \gamma_{\mathrm{th}}}{\gamma_0 \Omega_m}\right)^{p} + o(\gamma_{\mathrm{th}}^{p}) \tag{5.32}$$

证明： 本推论证明方法与推论5.3类似，在此省略。证明完毕。

由推论5.4可知，系统的渐进中断概率性能随着阈值 γ_{th} 和 $[\bar{\boldsymbol{\Sigma}}^{-1}]_{mm}$ 呈指数增加，而随着平均发射功率 γ_0 和伽马函数的尺度参数 Ω_m 呈指数递减。此外，推论5.4还揭示出增加发射端天线数目对系统渐进中断概率性能总是有益的（在 $N_{\mathrm{r}} \geqslant LKN_{\mathrm{t}}$ 的前提下）。

5.5 仿真结果

在本节中，将给出一些仿真结果用于验证5.3节和5.4节中理论分析的正确性。仿真的参数设置参考文献［4］，小小区BS数为3($L=3$)，每个UT的天线数假设为2($N_{\mathrm{t}}=2$)，阴影衰落参数设置参考文献［16］。此外，假设用户均匀分布于小区内，则 ϑ_n 在$[0, 2\pi]$均匀分布。通过随机产生10^5个样本用于得到式（5.16）、式（5.25）、式（5.30）中关于

可达和速率、误符号率以及中断概率蒙特卡洛仿真性能。除非其他说明，具体的参数设置参考表5-1。

表5-1 系统参数

参数	描述	值
L	小区数	3
S	符号时间	$1/9\times10^6$（symbol/chip. user）
B	相关带宽	180kHz
N_t	每个UT的天线数	2
R_{cell}	小小区半径	50m
r_0	UT与小小区BS最近距离	10m①
d	天线间距	$\lambda/2$
υ	路径损耗指数	3

① 在本仿真中，小小区半径R_{cell}、小小区BS与UT最小距离r_0以及路径损耗指数的取值均3GPP标准协议[17,18]。

图5-2仿真给出了不同接收天线数、UT数以及莱斯因子下式（5.17）的理论分析可达和速率与式（5.17）的蒙特卡洛仿真结果的关系。本仿真的参数设置如下：$N_r=\{20,32,50\}$，$K=\{2,4\}$，$\rho=0$，$\Lambda=\{0,1\}$，图5-2表明在所有参数情况下所得分析表达式能够充分逼近蒙特卡洛仿真结论。图5-2揭示出当收发天线数较大时（$N_r=50$，$K=4$）和速率性能较好，其原因在于收发天线数目的增大能够提供大量的自由度以提高空间复用增益和减少噪声的影响。正如文献［13］所述，增加小小区BS天线数对系统性能总是有益的。此外，图5-2表明莱斯衰落因子对系统性能有负面影响。当$\Lambda=0$时，系统退化为K(瑞利/伽马）复合衰落信道。

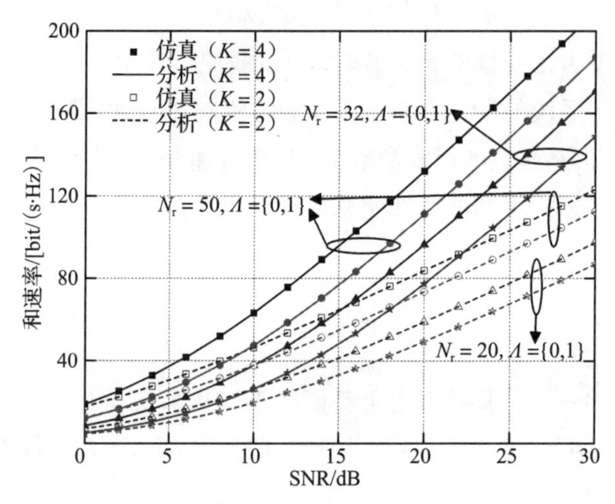

图5-2 理论分析可达和速率与蒙特卡洛系能关系

图5-3仿真给出在不同相关性和衰落参数下式（5.18）高SNR近似可达和速率与式（5.16）蒙特卡洛性能关系图。本仿真参数设置如下：$N_r=12$，$K=2$，$\rho=\{0,0.5\}$，$\Lambda=0$，$\{s_m,\Omega_m\}=\{1,1\}$，$\{2,1\}$，$\{2,3\}$。图5-3显示出所得近似可达和速率在能够适用于任意相关性ρ，衰落参数s_m和Ω_m。空间相关性对系统性能具有反面影响，其原因在于空间相关性有效地限制了分集增益，而衰落参数s_m和Ω_m由于反向的表征衰落程度，因此对系统性能具有正面影响。此外，图5-3还揭示出空间相关性和衰落参数在高SNR对系统近似性能具有较大影响，这与文献［9］的结论一致。最后，还可以发现对于低空间相关性和高衰落参数高SNR近似逼近蒙特卡洛速度较快。

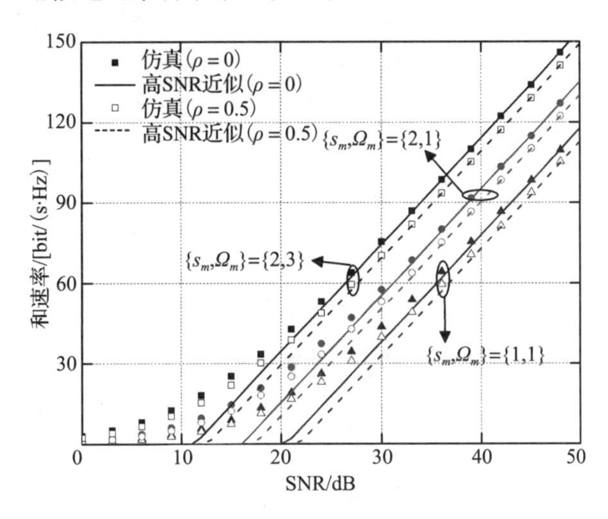

图5-3　高SNR下系统近似可达和速率与蒙特卡洛性能关系

图5-4仿真给出了莱斯和空间相关性能对系统误符号率性能的影响。需要注意的是本仿真为了解释目的，进行以下假设：①在每个小小区内只有一个UT，并且UT是对称分布的。因此，只需要考虑相邻两个小小区内的UT。②同一个UT内的所有子信道具有相同的误符号率性能，其原因在于同一个UT具有相同的接入距离和阴影衰落。因此，本仿真仅仅考虑两个子信道的误符号率性能。仿真参数设置为：$N_r=12$，$K=1$，$\rho=\{0,0.5\}$，$\Lambda=\{0,1\}$，$\{s_m,\Omega_m\}=\{1,1\}$。此外，本仿真考虑QPSK调制，则调制参数设置$\alpha=2$，$\beta=0.5$。正如图5-2和图5-3一样，在任意SNR、莱斯因子以及空间相关性情况下，理论分析结论与蒙特卡洛仿真充分匹配。图5-4表明，在协作SCN系统下，目标UT的误符号率性能要优于相邻小小区UT，其原因在于目标UT具有较短的接入距离。最后，通过图5-4还可以发现莱斯因子和空间相关性通过减小空间分集来降低协作SCN系统误符号率性能。

图5-5仿真给出不同接收天线和莱斯因子式（5.25）的高SNR近似误符号率与式（5.25）的蒙特卡洛性能关系图。为了解释说明的目的，假设只有一个小小区且小区内只

有一个 UT，即 $L=1$，$K=1$，$N_t=2$，其他参数设置如下：$N_r=12$，$\rho=\{0, 0.5\}$，$\Lambda=\{0, 1\}$，$\{s_m, \Omega_m\}=\{1, 1\}$。图 5-5 表明，在高 SNR 下，分集增益和阵列增益能够准确预测所有参数下的误符号率性能。如上述仿真所述，莱斯因子和空间相关性极大地降低了系统误符号率性能。

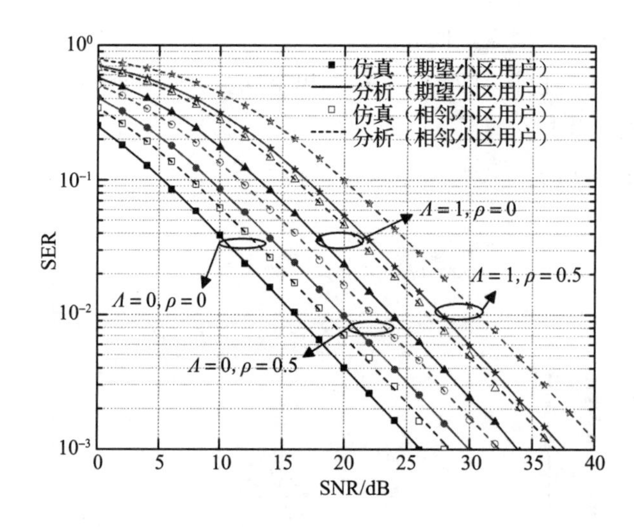

图 5-4　不同莱斯因子和空间相关下理论分析误符号率与蒙特卡洛性能关系

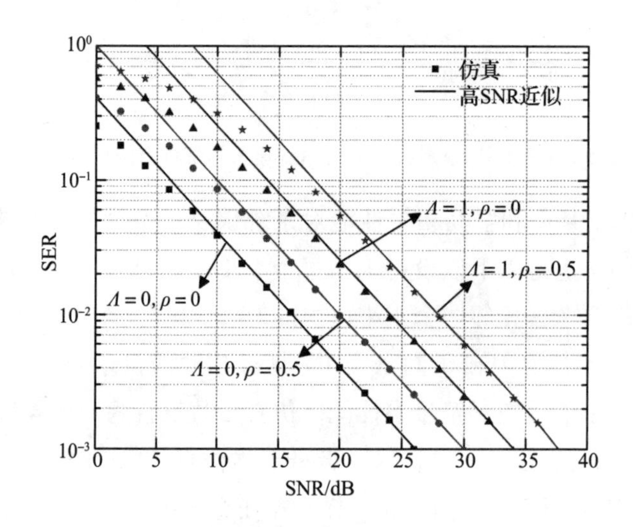

图 5-5　高 SNR 下理论分析误符号率与蒙特卡洛性能关系

图 5-6 仿真给出了固定阈值下不同接收天线数和莱斯因子下每个子信道中断概率性能与 SNR 关系。本仿真的参数设置如下：$N_r=\{6, 12\}$，$K=1$，$\rho=0.3$，$\Lambda=\{0, 1\}$，$\{s_m, \Omega_m\}=\{1, 1\}$，$\gamma_{th}=0.2$。正如图 5-4 的所示，理论分析中断概率性能充分匹配蒙特卡洛仿真结果。

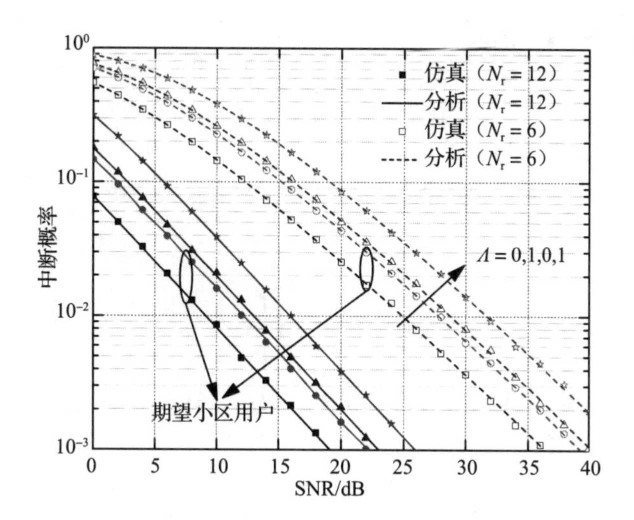

图 5-6　不同接收天线和莱斯因子下理论分析中断概率与蒙特卡洛关系

5.6　定理证明过程

5.6.1　定理 5.1 证明

为了方便推导，定义随机变量 $z_m=\zeta_m\xi_m$，则 z_m 的 PDF 可表示为

$$p_{z_m}(z_m)=\int_0^\infty\frac{1}{\zeta_m}p_{\zeta_m}(\zeta_m)p_{\xi_m}\left(\frac{z_m}{\zeta_m}\right)\mathrm{d}\zeta_m \tag{5.33}$$

将式（5.3）和式（5.13）代入式（5.33），式（5.33）能够进一步表示为

$$\begin{aligned}p_{z_m}(z_m)&=\frac{([\overline{\boldsymbol{\Sigma}}^{-1}]_{mm})^{N_r-LKN_t+1}z_m^{s_m-1}}{\Gamma(N_r-LKN_t+1)\Gamma(s_m)\Omega_m^{s_m}}\\&\quad\times\int_0^\infty\zeta_m^{N_r-LKN_t-s_m}\exp\left(-[\overline{\boldsymbol{\Sigma}}^{-1}]_{mm}\zeta_m-\frac{z_m}{\zeta_m\Omega_m}\right)\mathrm{d}\zeta_m\end{aligned} \tag{5.34}$$

根据下列的积分公式，式（5.34）可以进一步简化为

$$p_{z_m}(z_m)=\frac{2z_m^{\frac{a_m-1}{2}}}{\Gamma(N_r-LKN_t+1)\Gamma(s_m)}\left(\frac{[\overline{\boldsymbol{\Sigma}}^{-1}]_{mm}}{\Omega_m^{s_m}}\right)^{\frac{a_m+1}{2}}K_{c_m+1}\left(2\sqrt{\frac{[\overline{\boldsymbol{\Sigma}}^{-1}]_{mm}}{\Omega_m}z_m}\right) \tag{5.35}$$

利用变量代换，系统 SNR 的瞬时 PDF 可以表示为如下形式：

$$p_{\gamma_m}(\gamma_m)=\frac{LKN_tD_m^{\upsilon}}{\gamma_0}p_{z_m}\left(\frac{LKN_tD_m^{\upsilon}}{\gamma_0}\gamma_m\right) \tag{5.36}$$

结合式（5.35）和式（5.36），通过一些化简操作，能够得到定理 5.1 的结论。

5.6.2 定理 5.2 证明

基于数学期望的定义，式（5.16）能够表示为以下积分形式：

$$\mathcal{R}_l = \frac{1}{\ln 2}\sum_{m=1}^{LKN_t}\int_0^{\infty}\ln(1+\gamma_m)p_{\gamma_m}(\gamma_m)\mathrm{d}\gamma_m \tag{5.37}$$

利用下列的等式变换：

$$\ln(1+x) = \mathrm{G}_{2,2}^{1,2}\left[x\left|\begin{matrix}1,1\\1,0\end{matrix}\right.\right] \tag{5.38}$$

将式（5.13）和式（5.38）代入式（5.37），并利用下述的积分等式：

$$\begin{aligned}&\int_0^{\infty}x^{-\rho}K_v(2\sqrt{x})\mathrm{G}_{pq}^{mn}\left[\alpha x\left|\begin{matrix}a_1,\cdots,a_p\\b_1,\cdots,b_q\end{matrix}\right.\right]\mathrm{d}x\\&=\frac{1}{2}\mathrm{G}_{p+2,q}^{m,n+2}\left[\alpha\left|\begin{matrix}\rho-\frac{v}{2},\rho+\frac{v}{2},a_1,\cdots,a_p\\b_1,\cdots,b_q\end{matrix}\right.\right]\end{aligned} \tag{5.39}$$

通过一些化简操作，能够得到定理 5.2 的相关结论。

5.6.3 推论 5.2 证明

利用与文献［16］类似的方法，式（5.16）可以重新表述为

$$\begin{aligned}\mathcal{R}_l &=\frac{1}{\ln 2}\sum_{m=1}^{LKN_t}\mathrm{E}[\ln(1+\gamma_m)]\\&=\frac{1}{\ln 2}\sum_{m=1}^{LKN_t}\mathrm{E}\left[\ln\left(1+\frac{\gamma_0}{LKN_tD_m^v}\xi_m\zeta_m\right)\right]\end{aligned} \tag{5.40}$$

针对式（5.40），分别求关于 $\gamma_0\to 0$ 的一、二阶导数，可以得到以下等式：

$$\begin{aligned}\dot{\mathcal{R}}_l &=\frac{1}{\ln 2}\sum_{m=1}^{LKN_t}\mathrm{E}\left[\left.\frac{\dfrac{\xi_m\zeta_m}{LKN_tD_m^v}}{1+\dfrac{\gamma_0}{LKN_t}\dfrac{\xi_m\zeta_m}{D_m^v}}\right|_{\gamma_0\to 0}\right]\\&=\frac{1}{\ln 2LKN_t}\sum_{m=1}^{LKN_t}\mathrm{E}\left[\frac{\xi_m\zeta_m}{D_m^v}\right]\end{aligned} \tag{5.41}$$

$$\ddot{R}_l = -\frac{1}{\ln 2}\sum_{m=1}^{LKN_t}\mathrm{E}\left[\left.\frac{\left(\dfrac{\xi_m\zeta_m}{LKN_tD_m^v}\right)^2}{\left(1+\dfrac{\gamma_0}{LKN_t}\dfrac{\xi_m\zeta_m}{D_m^v}\right)^2}\right|_{\gamma_0\to 0}\right]$$

$$= -\frac{1}{\ln 2\,(LKN_{\mathrm{t}})^2}\sum_{m=1}^{LKN_{\mathrm{t}}}\mathrm{E}\left[\frac{\xi_m^2\zeta_m^2}{D_m^{2v}}\right] \tag{5.42}$$

利用式（5.3）和式（5.13）的 PDF，连续使用式（5.19）和式（5.20）的结果，式（5.41）和式（5.42）可以进一步化简为

$$\dot{\mathcal{R}}_l = \frac{N_{\mathrm{r}} - LKN_{\mathrm{t}} + 1}{\ln 2 LKN_{\mathrm{t}}}\sum_{m=1}^{LKN_{\mathrm{t}}}\frac{s_m\Omega_m}{[\overline{\boldsymbol{\Sigma}}^{-1}]_{mm}D_m^{v}} \tag{5.43}$$

$$\ddot{\mathcal{R}}_l = -\frac{(N_{\mathrm{r}} - LKN_{\mathrm{t}} + 2)(N_{\mathrm{r}} - LN_{\mathrm{t}} + 1)}{\ln 2\,(LKN_{\mathrm{t}})^2}\sum_{m=1}^{LKN_{\mathrm{t}}}\frac{s_m(s_m + 1)\Omega_m^2}{[\overline{\boldsymbol{\Sigma}}^{-1}]_{mm}^2 D_m^{2v}} \tag{5.44}$$

将式（5.43）和式（5.44）代入式（5.29），通过一些化简操作，可以得到推论 5.2 的结论。

5.6.4 定理 5.3 证明

基于数学期望的定义，式（5.25）能够表示为如下积分形式：

$$\mathrm{SER}_m = \alpha_m\int_0^{\infty}\mathrm{Q}(\sqrt{2\beta_m\gamma_m})p_{\gamma_m}(\gamma_m)\mathrm{d}\gamma_m \tag{5.45}$$

式中，$\mathrm{Q}(x) = \int_x^{\infty}\frac{1}{\sqrt{2\pi}}\exp\left(-\frac{y^2}{2}\right)\mathrm{d}y$ 为 Q 函数。

利用 Q 函数和误差函数关系，再利用误差函数和梅杰-G 函数关系

$$\mathrm{Q}(x) = \frac{1}{2}\mathrm{erfc}\left(\frac{x}{\sqrt{2}}\right) \tag{5.46}$$

$$\mathrm{erfc}(\sqrt{x}) = \frac{1}{\sqrt{\pi}}\mathrm{G}_{12}^{20}\left[x\left|\begin{matrix}1\\0,\frac{1}{2}\end{matrix}\right.\right] \tag{5.47}$$

利用定理 5.1 中 SNR 的 PDF，结合式（5.46）和式（5.47），式（5.45）可以表示为以下积分形式：

$$\mathrm{SER}_m = \frac{\alpha_m b_m^{\frac{a_m+1}{2}}}{\sqrt{\pi}\Gamma(LN_{\mathrm{r}} - LKN_{\mathrm{t}} + 1)\Gamma(s_m)} \times\int_0^{\infty}\gamma_m^{\frac{a_m-1}{2}}K_{c_m+1}(2\sqrt{b_m\gamma_m})\mathrm{G}_{12}^{20}\left[\beta_m\gamma_m\left|\begin{matrix}1\\0,\frac{1}{2}\end{matrix}\right.\right]\mathrm{d}\gamma_m \tag{5.48}$$

结合式（5.29）的积分公式，式（5.48）的结论可以进一步化简为

$$\mathrm{SER}_m = \frac{\alpha_m}{2\sqrt{\pi}\Gamma(LN_{\mathrm{r}} - LKN_{\mathrm{t}} + 1)\Gamma(s_m)}$$

$$\times G_{32}^{22}\left[\frac{\beta_m}{b_m}\left|\begin{matrix}-\frac{a_m+c_m}{2}-1,\frac{-a_m+c_m}{2},1\\0,\frac{1}{2}\end{matrix}\right.\right] \tag{5.49}$$

将 a_m、b_m 以及 c_m 代入式（5.49），可以得到定理5.3的相关结论。

5.6.5　推论5.3证明

借鉴关于修正贝塞尔函数的相关结论，定理5.1中的修正贝塞尔函数可以表示为以下无限级数形式：

$$\begin{aligned}K_v(z)=&\frac{\pi}{2\sin(\pi v)}\left(\sum_{l=0}^{\infty}\frac{1}{l!\Gamma(l-v+1)}\left(\frac{z}{2}\right)^{2l-v}\right.\\&\left.-\sum_{l=0}^{\infty}\frac{1}{l!\Gamma(l+v+1)}\left(\frac{z}{2}\right)^{2l+v}\right)\end{aligned} \tag{5.50}$$

将式（5.50）代入到式（5.15）中，系统瞬时SNR的PDF可以进一步表示为以下无限级数形式：

$$\begin{aligned}p_{\gamma_m}(\gamma_m)=&\frac{\pi}{\Gamma(N_r-LKN_t+1)\Gamma(s_m)\sin(\pi(c_m-1))}\\&\times\left(\sum_{l=0}^{\infty}\frac{1}{\Gamma(l+1)\Gamma(l-c_m)}b_m^{\frac{2l+a_m-c_m}{2}}\gamma_m^{\frac{2l+a_m-c_m-2}{2}}\right.\\&\left.-\sum_{l=0}^{\infty}\frac{1}{\Gamma(l+1)\Gamma(l-c_m+2)}b_m^{\frac{2l+a_m+c_m+2}{2}}\gamma_m^{\frac{2l+a_m+c_m}{2}}\right)\end{aligned} \tag{5.51}$$

将式（5.51）与文献［6］的相关结论相结合，式（5.26）的误符号率的闭式表达式可以表示为另外一种形式

$$\begin{aligned}\mathrm{SER}_m=&\frac{\alpha_m}{\Gamma(N_r-LKN_t+1)\Gamma(s_m)\sin(\pi(c_m-1))}\\&\times\left(\sum_{l=0}^{\infty}\frac{b_m^{\frac{2l+a_m-c_m}{2}}\int_0^{\frac{\pi}{2}}\int_0^{\infty}\gamma_m^{\frac{2l+a_m-c_m-2}{2}}\mathrm{e}^{-\frac{\beta_m\gamma_m}{\sin\theta}}\mathrm{d}\gamma_m\mathrm{d}\theta}{\Gamma(l+1)\Gamma(l-c_m)}\right.\\&\left.-\sum_{l=0}^{\infty}\frac{b_m^{\frac{2l+a_m+c_m+2}{2}}\int_0^{\frac{\pi}{2}}\int_0^{\infty}\gamma_m^{\frac{2l+a_m+c_m}{2}}\mathrm{e}^{-\frac{\beta_m\gamma_m}{\sin\theta}}\mathrm{d}\gamma_m\mathrm{d}\theta}{\Gamma(l+1)\Gamma(l-c_m+2)}\right)\end{aligned} \tag{5.52}$$

结合式（5.20）和以下等式：

$$\int_0^{\frac{\pi}{2}}\sin^{\mu-1}(x)\mathrm{d}x=2^{\mu-2}B\left(\frac{\mu}{2},\frac{\mu}{2}\right) \tag{5.53}$$

可得到

$$B(x,y)=\frac{\Gamma(x)\Gamma(y)}{\Gamma(x+y)} \tag{5.54}$$

$$B(x,x)=2^{1-2x}B\left(\frac{1}{2},x\right) \tag{5.55}$$

式中，B(·) 为贝塔函数。

将式（5.53）~式（5.55）与式（5.52）相结合，式（5.52）的误符号率可以表示为

$$\begin{aligned}\mathrm{SER}_m=&\frac{\alpha_m\Gamma\left(\frac{1}{2}\right)}{2\Gamma(N_\mathrm{r}-LKN_\mathrm{t}+1)\Gamma(s_m)\sin(\pi(c_m-1))}\\&\times\left(\sum_{l=0}^{\infty}\frac{b_m^{\frac{2l+a_m-c_m}{2}}\Gamma(l+s_m)\Gamma\left(l+s_m+\frac{1}{2}\right)}{\beta_m^{l+s_m}\Gamma(l+1)\Gamma(l-c_m)\Gamma(l+s_m+1)}\right.\\&\left.-\sum_{l=0}^{\infty}\frac{b_m^{\frac{2l+a_m+c_m+2}{2}}\Gamma(l+g)\Gamma\left(l+g+\frac{1}{2}\right)}{\beta_m^{l+LN_\mathrm{r}-LN_\mathrm{t}+1}\Gamma(l+1)\Gamma(l-c_m+2)}\right)\end{aligned} \tag{5.56}$$

在高 SNR 情况下，式（5.56）中的指数 l 取最小值，即 $l=0$。引用推论中定义的参数 p 和 q，则式（5.56）中的误符号率可以进一步近似表示为

$$\mathrm{SER}_m^{\infty}=\frac{\alpha_m}{2\sqrt{\pi}\beta_m^p}\frac{\Gamma(1-p)\Gamma\left(p+\frac{1}{2}\right)}{\Gamma(q)\Gamma(q+1)}b_m^p \tag{5.57}$$

利用相关的结论，通过一些化简操作，可以得到推论 5.3 的结论。

5.6.6 定理 5.4 证明

将式（5.30）表示为积分形式

$$P_{\mathrm{out},m}=\int_0^{\gamma_\mathrm{th}}p_{\gamma_m}(\gamma_m)\mathrm{d}\gamma_m \tag{5.58}$$

利用下述贝塞尔函数与梅杰-G 函数的关系：

$$K_v(2\sqrt{x})=\frac{1}{2}G_{02}^{20}\left[x\left|\begin{matrix}\cdot & \cdot\\ \frac{v}{2} & \frac{v}{2}\end{matrix}\right.\right] \tag{5.59}$$

结合式（5.15）和式（5.59），则式（5.58）中的中断概率可以进一步表示为以下积分形式：

$$P_{\mathrm{out},m}=\frac{b_m^{\frac{a_m+1}{2}}}{\Gamma(N_\mathrm{r}-LKN_\mathrm{t}+1)\Gamma(s_m)}\int_0^{\gamma_\mathrm{th}}\gamma_m^{\frac{a_m-1}{2}}G_{02}^{20}\left[b_m\gamma_m\left|\begin{matrix}\cdot & \cdot\\ \frac{c_m+1}{2} & -\frac{c_m+1}{2}\end{matrix}\right.\right] \tag{5.60}$$

利用下述的积分等式：

$$\int_0^{\gamma} x^{\alpha-1}\mathrm{G}_{pq}^{mn}\left[\omega x\left|\begin{matrix}a_1,\cdots a_p\\ b_1,\cdots b_q\end{matrix}\right.\right]\mathrm{d}x = \gamma^{\alpha}\mathrm{G}_{p+1,q+1}^{m,n+1}\left[\omega\gamma\left|\begin{matrix}a_1,\cdots,a_n,1-\alpha,a_n,\cdots,a_p\\ b_1,\cdots,b_m,-\alpha,a_{m+1},\cdots,a_q\end{matrix}\right.\right] \quad (5.61)$$

则式（5.60）的中断概率可以进一步化简为

$$P_{\text{out},m} = \frac{1}{\Gamma(N_{\mathrm{r}} - LKN_{\mathrm{t}} + 1)\Gamma(s_m)}(b_m\gamma_{\mathrm{th}})^{\frac{a_m+1}{2}} \times \mathrm{G}_{13}^{21}\left[b_m\gamma_{\mathrm{th}}\left|\begin{matrix}\frac{1-a_m}{2}\\ \frac{c_m+1}{2},-\frac{c_m+1}{2},-\frac{a_m+1}{2}\end{matrix}\right.\right] \quad (5.62)$$

利用下述等式：

$$z^k\mathrm{G}_{pq}^{mn}\left[z\left|\begin{matrix}\boldsymbol{a}_p\\ \boldsymbol{b}_q\end{matrix}\right.\right] = \mathrm{G}_{pq}^{mn}\left[z\left|\begin{matrix}\boldsymbol{a}_p+k\\ \boldsymbol{b}_q+k\end{matrix}\right.\right] \quad (5.63)$$

通过一些化简操作，可以得到定理 5.4 的结论。

5.7 本章小结

在本章中，研究了空间相关莱斯/伽马复合衰落信道下协作 SCN 系统 ZF 接收性能。首先，推导给出系统瞬时 SNR 的 PDF 的闭式表达式。利用所得 PDF，研究协作 SCN 系统可达和速率、误符号率以及中断概率性能，并针对上述性能指标给出性能的闭式解。通过理论分析和仿真验证表明所得闭式表达式适用于任意相关性、莱斯因子、收发天线数以及 SNR。为了进一步分析系统和衰落参数对性能的影响，接着针对高/低 SNR 可达和速率、误符号率以及中断概率渐进性能进行分析，推导给出系统渐进性能闭式表达式。

参考文献

[1] J G uek, G Roche, I Gven, et al. Small Cell Networks: Deployment, PHY Techniques, and Resource Management[M]. Cambridge University Press, 2013.

[2] J Hoydis, M Kobayashi, M Debbah. Green Small-Cell Networks[J]. IEEE Veh. Technol. Mag., 2011, 6 (11): 37-43.

[3] J Chen, L-C Wang, C-H Liu. Coverage Probability of Small Cell Networks with Composite Fading and Shadowing[J]. Proc. IEEE Int. Symp. Personal Indoor Mobile Radio Commun. (PIMRC), 2014, 9: 1892-1896.

[4] J Hoydis, A Kammoun, J Najim, et al. Outage performance of cooperative small cell sstems under Rician fading channels[J]. Proc. IEEE Int. Workshop Signal Processing Advances in Wireless Communications

(SPAWC), 2011,6: 551-555.

[5] X Jian, X Zeng, A Yu, et al. Finite Series representation of Rician shadowed channel with integral fading parameter and the associated exact performance analysis", Chinal Commun., 2015, 12(3): 62-67.

[6] M K Simon, M S Alouini, et al. Digital Communication over Fading Channels[M]. 2nd ed. John Wiley & Sons, Inc., 2005.

[7] Li X, Yang X, Xu Y, et al. Approximate Sum Rate of Distributed MIMO with ZF Receives Over Semi-Correlated K Fading Channels[C]. in Proc. IEEE Wireless Personal Multimedia Communication (WPMC), Shenzhen, China, 2016.

[8] K Zheng, X Xin, F Liu, et al. Performance analysis of cooperative virtual multiple-input mltiple-output in small-cell networks[J]. IET Commun., 2013, 7 (6): 1729-1738.

[9] Li X, Li L, Xie L, et al. Performance analysis of 3D massive MIMO cellular systems ith collaborative base station[J]. Int Journal of Antennas & Propagation, 2015,14(61): 1-12.

[10] Mirhosseini F, Tadaion A. Performance Analysis of Small Cell Networks with Multiantenna Base Station Utilizing Interference Mitigation Techniques[C]. in Proc. IEEE International Symposium on Signal Processing and Information Technology (ISSPIT), Abu Dhabi, UAE, 2015,11: 427 - 431.

[11] 李兴旺, 艾晓宇, 张艳琴, 等. K复合衰落信道下三维多用户MIMO系统性能分析[J]. 北京邮电大学学报, 2016, 5(39): 56-60.

[12] Li, X, Li, L., Xie, L., et al, "Performance analysis of 3D massive MIMO cellular systems ith collaborative base station", Int Journal of Antennas & Propagation, 2015, 14(61): 1-12.

[13] Li, X, Li, L, Su, X, et al. Approximate Capacity Analysis for Distributed MIMO System over Generalized-K Fading Channels[C]. Proc. IEEE Wireless Communications and Networking Conference (WCNC), New Orleans, USA, 2015,5: 235-240.

[14] Li, X, Li, L, Xie L. Achievable Sum Rate Analysis of ZF Receivers in 3D MIMO Systems[J]. KSII Trans. Int. Inf. System, 2014, 8(4): 1368-1389.

[15] Verdu S. Spectral Efficiency in the Wideband Regime[J]. IEEE Trans. Inf. Theory, 2002, 48(6): 1319-1343.

[16] Li X, Wang J, Li L, et al. Capacity Bounds on the Ergodic Capacity of Distributed MIMO System over K Fading Channels[J]. KSII Trans. Int. Inf. System, 2016, 7(19): 2992- 3009.

[17] 3GPP. Small cell enhancements for E-UTRA and E-UTRAN-Phisical Layer aspects. Release 12, 2013.

[18] 3GPP TR 36. 872 V12. 1. 0. Further advancements for E-UTRA physical layer aspects. Release 9, 2010.

第 6 章

瑞利/对数正态三维 MIMO 接收检测技术及性能

第5章针对二维分布式大规模MIMO复合衰落信道近似性能问题进行了研究，由于二维MIMO没有考虑垂直维度对系统性能的影响，因此本章将考虑单小区多用户三维大规模MIMO场景。大规模MIMO和三维MIMO作为新型的MIMO技术成为未来无线通信研究的热点[1,2]。大规模MIMO与三维MIMO技术分别能够通过多余自由度和天线下倾角来消除用户间干扰从而极大地提高系统性能。基于此，本章针对单小区多用户三维MIMO系统，提出一种基于ZF接收检测上行单小区三维MIMO可达和速率下界，所提下界同时考虑阴影衰落、路径损耗以及天线辐射损耗。特别地，给出利用俯仰角特征的和速率下界闭式表达式，所提下界在所有SNR和下倾角范围内都比较接近理论分析性能。基于所提下界，分析同时考虑单天线功率固定和总功率固定时大规模MIMO和速率渐进性能。最后，针对高楼覆盖场景和用户三维分布对系统性能影响进行研究。

6.1 研究背景

最近，MU-MIMO技术，基站端配置多根天线同时服务多个用户，受到极大关注，并且被多个移动通信标准采纳[3,4]。当前，大部分关于MU-MIMO的研究都是基于二维MIMO信道模型，而二维MIMO信道模型仅仅考虑水平维度对系统性能的影响，而忽略垂直维度的影响。然而，在一些环境下传输波形的二维假设不再正确，尤其是对于室内和车载环境。为了使信道模型更加通用化，许多研究将注意力转向三维MIMO信道。在三维MIMO信道模型方面，天线下倾角模型是最常用的三维MIMO模型，天线下倾角模型被广泛应用于雷达和射频通信系统[5]。研究者提出一种三维MIMO近似模型，所提模型将三维辐射分成水平和垂直两个平面，电磁波在空中传播同时考虑水平和垂直两个维度，并且两个维度通过不同加权系数组合在一起。在文献［5］中，作者对文献上述的模型进行简化，假设水平和垂直增益加权系数相等。文献［5］的简化模型实现复杂度低，有利于产业化进程，因此被广泛应用，并且被3GPP采纳。本章的系统模型也是基于文献［5］的化简模型。

近年，大规模MIMO技术由于其优异的性能而引起极大研究兴趣，大规模MIMO技术通过基站端配置成百上千天线阵列，同时服务数十上百个终端用户[1,2]。在大规模MIMO系统中，使用简单的信号处理算法小区内干扰就能够被消除。研究指出，当基站天线数目趋于无穷时基于MRC、ZF、MMSE接收检测和速率及其下界，并进一步分析系统能量效率和频谱效率。利用随机矩阵理论，有研究者推导出基于MRC、MMSE接收检测确定近似上行信干噪比，并且分析了发送天线数目和用户数目（用户单天线）以固定比例趋于无穷时信干噪比渐进表达式。研究表明，信干噪比的确定性近似即使在天线数目不是很大时逼近性能也很好。

此外，用户分布也是影响无线通信系统性能的一个重要因素。当前，对于用户分布的研究大多集中于均匀分布，原因在于用户均匀分布的性能便于从数学上进行分析。然而，用户均匀分布在有些情况下是不对的，不能反映热点地区的真实情况。为了使研究更通用，有文献研究非均匀分布对系统性能的影响[7]。当考虑到室内传播环境（如高楼住宅、办公大楼），大量用户分布在一个相对较小的三维空间，这些用户不但分布在单个水平面上（同一楼层），而且在不同楼层有一个垂直分布。因此，如何利用用户三维分布以最大化系统性能将是本章讨论的一个重点。

尽管已经有大量关于三维 MIMO 和大规模 MIMO 的研究，然而两者结合的研究还很少。本章研究基于单小区三维 MIMO 和三维用户分布 ZF 接收检测和速率性能及其下界，同时考虑基站端配有大规模天线阵列场景。据研究者所知，文献［6，8，9］中有相关研究内容。在文献［8］中，针对分布式 MIMO，作者提出和速率下界闭式表达式，并进行大规模 MIMO 渐进性能分析。然而，三维 MIMO 和三维用户分布在文献［8］中没有涉及。利用随机矩阵理论，文献［6，8］推导出线性接收时上行信干噪比确定性近似，在进行近似推导时，作者假设基站天线数目与用户数目以固定比例趋于无穷，然而，该近似不能进行进一步操作，并且三维 MIMO 和用户三维分布没有考虑。在文献［9］中，作者研究三维 MIMO 和速率，并分析楼宇内不同用户分布和速率性能，但是文献［9］给出的性能是通过蒙特卡洛分析获得的，没有给出理论分析以及理论界。更重要的是，没有涉及最新的大规模 MIMO 技术。本章中通过引入高楼覆盖传播模型，推导分析基于三维 MIMO 和三维用户分布的上行单小区多用户和速率性能；利用随机矩阵理论，给出基于 ZF 接收检测三维 MIMO 系统的和速率下界闭式表达式。最后，利用所提和速率下界，进行大规模渐进性能分析。

6.2 系统模型与用户三维分布

6.2.1 系统模型

本章考虑单小区上行多用户三维 MIMO 系统，如图 6-1 所示。系统中有一个基站，K 用户，基站配有 N 根天线，每个用户有 1 根天线，并且 $N \geqslant K$，所有用户在一个 L 层的高楼内，第 l 层有 K_l 个用户，且满足 $K = \sum_{l=1}^{L} K_l$。假设用户端未知 CSI，基站具有完美的 CSI，假设每个用户发射功率相等，均为 $\boldsymbol{p}_{\mathrm{u}}$。从而基站端的接收信息可表示为

$$\boldsymbol{y} = \sqrt{\boldsymbol{p}_{\mathrm{u}}}\boldsymbol{G}\boldsymbol{x} + \boldsymbol{n} \tag{6.1}$$

式中，$\boldsymbol{G} \in \mathbb{C}^{N \times K}$表示基站与用户间的信道矩阵，$g_{nk} = [\boldsymbol{G}]_{nk}$为基站的第 n 个天线与第 k 个用

户的信道系数；$\boldsymbol{x}\in\mathbb{C}^{K\times 1}$为 K 个用户的发射信号矢量；$\boldsymbol{n}\in\mathbb{C}^{N\times 1}$为零均值单位方差复高斯随机变量。

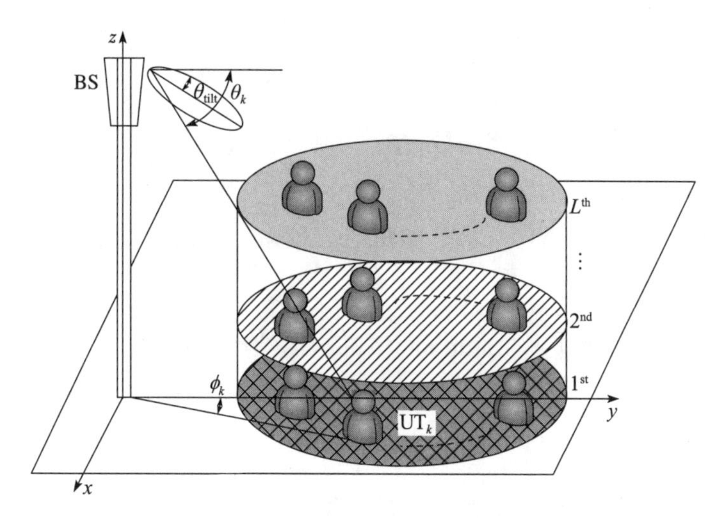

图 6-1　上行多用户三维 MIMO 示意图

信道矩阵 $\boldsymbol{G}$ 包括小尺度衰落和大尺度衰落，其中小尺度衰落为多径衰落，大尺度衰落包括阴影衰落、路径损耗以及天线辐射损耗三部分，具体数学表达为

$$\boldsymbol{G} = \boldsymbol{H}\boldsymbol{\Omega}^{\frac{1}{2}} \tag{6.2}$$

式中，$\boldsymbol{H}\in\mathbb{C}^{N\times K}$为多径衰落，其元素为零均值单位方差独立同分布随机变量；对角矩阵 $\boldsymbol{\Omega}\in\mathbb{C}^{K\times K}$为大尺度衰落矩阵可以表示为

$$\begin{aligned}\boldsymbol{\Omega} &= \operatorname{diag}\{\Omega_k\}_{k=1}^{K}\\ &= \operatorname{diag}\{\zeta_k a(\varphi_k,\theta_k)d_k^{-v}\}_{k=1}^{K}\end{aligned} \tag{6.3}$$

式中，系数 ζ_k、$a(\varphi_k,\ \theta_k)$ 以及 d_k^{v} 分别为阴影衰落、三维天线辐射损耗以及路径损耗。

在本章中，阴影衰落采用的是对数正态分布阴影衰落模型，对数正态分布阴影衰落模型被广泛用于陆地和卫星无线通信环境[10,11]。根据文献［10，11］可知，对数正态分布衰落系数 ζ_k 的 PDF 可表示为

$$p(\zeta_k) = \frac{\xi}{\zeta_k\sigma_k\sqrt{2\pi}}\exp\left(-\frac{(\xi\ln\zeta_k-\mu_k)^2}{2\sigma_k^2}\right),\quad \zeta_k\geqslant 0 \tag{6.4}$$

式中，系数 ξ 为固定常量，其值为 $\xi=10/\ln 10=4.3429$；而参数 μ_k 和 σ_k 分别为 $10\log_{10}(\zeta_k)$ 的均值和标准差，单位为分贝（dB）。

三维天线辐射损耗参数 $a(\Delta\varphi_k,\ \Delta\theta_k)$ 是由第 k 个用户与基站间的连线和基站天线辐射主瓣之间的夹角决定[8]。其中 $\Delta\varphi_k$ 和 $\Delta\theta_k$ 分别为基站天线波瓣辐射方向和水平线与垂直线的夹角。$(x_{BS},\ y_{BS},\ z_{BS})$ 和 $(x_k,\ y_k,\ y_k)$ 表示基站和第 k 个用户的坐标。基站与第 k 个

用户的 x 坐标差可表示为 $\Delta x_k = x_k - x_{BS}$，同理可以得到基站与第 k 个用户的 y 与 z 坐标差分别为 Δy_k 和 Δz_k。$\Delta\varphi_k$ 与 $\Delta\theta_k$ 可通过式（6.5）和式（6.6）得到

$$\Delta\varphi_k = \mathrm{atan2}(\Delta y_k, \Delta x_k) - \alpha_{\mathrm{orn}} \tag{6.5}$$

$$\Delta\theta_k = \mathrm{atan2}\left(\Delta z_k, \sqrt{(\Delta x_k)^2 + (\Delta y_k)^2}\right) - \beta_{\mathrm{tilt}} \tag{6.6}$$

式中，atan2(·,·) 为双变量反正切函数；β_{tilt} 为基站天线下倾角，其取值范围为［－90°，90°］；α_{orn} 为基站天线水平辐射固定角。

根据式（6.5）与式（6.6）所求下倾角与方位角，基站天线辐射损耗 $a(\Delta\varphi_k,\Delta\theta_k)$ 可以表示为（单位：dB）

$$\begin{aligned} a(\Delta\varphi_k,\Delta\theta_k) = -\min\Bigg(& \min\left[12\left(\frac{\varphi_k - \alpha_{\mathrm{orn}}}{\varphi_{3\mathrm{dB}}}\right), \mathrm{SLL_h}\right] \\ & + \min\left[12\left(\frac{\theta_k - \beta_{\mathrm{tilt}}}{\theta_{3\mathrm{dB}}}\right)^2, \mathrm{SLL_v}\right], \mathrm{SLL_{tot}}\Bigg) + a_{\max} \end{aligned} \tag{6.7}$$

式中，$\varphi_{3\mathrm{dB}}$ 和 $\theta_{3\mathrm{dB}}$ 分别为水平和垂直方向的 3dB 波瓣宽度（也称为半功率波瓣宽度）；$\mathrm{SLL_h}$、$\mathrm{SLL_v}$、$\mathrm{SLL_{tot}}$ 分别为水平旁瓣电平、垂直旁瓣电平以及总的旁瓣电平；$a_{\max}$ 为最大天线辐射增益。

则第 k 个用户与基站间的距离可表示为

$$d_k = \sqrt{(\Delta x_k)^2 + (\Delta y_k)^2 + (\Delta z_k)^2} \tag{6.8}$$

结合阴影衰落系数、天线辐射损耗系数、路径损耗系数，可以得到大尺度衰落系数的数值形式为

$$\Omega_k = \zeta_k 10^{\frac{a(\Delta\varphi_k,\Delta\theta_k)}{10}} d_k^{v} \tag{6.9}$$

式中，v 为路径损耗指数，其值为 3～4 时对应城市宏蜂窝环境，而值为 2～8 时对应城市微蜂窝环境[10]。

6.2.2 用户三维分布

在实际无线通信环境中，MIMO 系统性能不仅受多径衰落和阴影衰落的影响而且受用户分布影响[7]。本节将研究楼宇内用户的三维空间分布，用户的三维空间分布包括每个楼层的水平用户分布和不同楼层间垂直用户分布。

对于水平用户分布，本章研究均匀分布与高斯分布两种分布类型。针对均匀分布，假设楼宇是半径为 r 的圆，所有用户（期望用户与干扰用户）独立均匀地分布于每一楼层内。例如，学生宿舍和居民区为典型的应用场景。则该分布下对应的 PDF 为

$$f(x) = \frac{2x}{r^2}, \quad 0 \leqslant x \leqslant r \tag{6.10}$$

对于高斯分布，是指大部分用户集中于楼层某一区域（楼层中心），用户的密度随着

半径的增加而减少呈高斯分布。典型的分布场景如城市热点、购物中心、办公区。则对应的 PDF 为

$$f(x) = \frac{\Delta}{\sigma\sqrt{2\pi}}\exp\left(-\frac{x^2}{2\sigma^2}\right),\quad 0 \leqslant x \leqslant r \tag{6.11}$$

式中，σ 为标准差；Δ 为固定常量。

垂直分布是指用户在不同楼层服从不同的分布。与水平分布不同，垂直分布是离散分布。对于垂直分布的研究，本节主要关注均匀分布和指数分布两种分布类型。垂直维度的均匀分布是指每层用户数是相等的。在现实生活中是一个很普遍，例如宿舍和居民，对于所有的楼层房间的数量以及每个房间用户数目是近似相等的。因此，概率质量函数（Probability Mass Function，PMF）可表示为

$$g(l) = \begin{cases} c, & l = 1,\cdots,L \\ 0, & 其他 \end{cases} \tag{6.12}$$

式中，l 和 c 分别为楼层编号与每层的用户数（每层用户数相等）；垂直维度指数分布是指在所有楼层的用户数量服从指数分布。这在现实生活中相当普遍，例如购物中心。则相应的概率质量函数可以表示为

$$g(l) = \begin{cases} \Lambda Y^{l-1}, & l = 1,\cdots,L \\ 0, & 其他 \end{cases} \tag{6.13}$$

式中，l 表示楼层编号；Y^l 表示 l 楼层用户数与总用户数的比（$0 \leqslant Y \leqslant 1$）；$c$ 和 Λ 为常量用于满足所有层用户数和为 K，因而总的用户可以表示为

$$K = \sum_{l=1}^{L} g(l) \tag{6.14}$$

式中，K 为所有楼层用户数的总和。

6.3 可达和速率与理论下界

本节主要专注于三维 MIMO 系统可达和速率性能的研究。推导给出一种基于 ZF 接收检测的三维 MIMO 系统可达和速率下界的闭式表达式，所提下界可以应用于任意天线数和 SNR 范围。

6.3.1 可达和速率

在进行可达和速率分析时，假设发送端未知 CSI，接收端已知完美 CSI。通过利用接收检测，接收信号检测后信息可以表示为

$$\boldsymbol{r} = \boldsymbol{T}^{\mathrm{H}}\boldsymbol{y} \tag{6.15}$$

式中，$\boldsymbol{T}$ 为检测矩阵。

将式（6-1）代入式（6-15），可得到检测后的接收信号向量为

$$\boldsymbol{r} = \sqrt{p_{\mathrm{u}}}\boldsymbol{T}^{\mathrm{H}}\boldsymbol{G}\boldsymbol{X} + \boldsymbol{T}^{\mathrm{H}}\boldsymbol{n} \tag{6.16}$$

假设 r_k 和 x_k 分别为向量 $\boldsymbol{r}$ 和 $\boldsymbol{x}$ 的第 k 个元素，则

$$\begin{aligned} r_k &= \sqrt{p_{\mathrm{u}}}\boldsymbol{t}_k^{\mathrm{H}}\boldsymbol{G}\boldsymbol{x} + \boldsymbol{t}_k^{\mathrm{H}}\boldsymbol{n} \\ &= \sqrt{p_{\mathrm{u}}}\boldsymbol{t}_k^{\mathrm{H}}\boldsymbol{g}_k x_k + \sqrt{p_{\mathrm{u}}}\sum_{i=1,i\neq k}^{K}\boldsymbol{t}_k^{\mathrm{H}}\boldsymbol{g}_i x_i + \boldsymbol{t}_k^{\mathrm{H}}\boldsymbol{n} \end{aligned} \tag{6.17}$$

式中，$\boldsymbol{t}_k$ 和 $\boldsymbol{g}_k$ 分别为检测矩阵 $\boldsymbol{T}$ 和信道矩阵 $\boldsymbol{G}$ 的第 k 列。则检测后的信息分为两个部分：①期望信号 $\sqrt{p_{\mathrm{u}}}\boldsymbol{t}_k^{\mathrm{H}}\boldsymbol{g}_k x_k$，②干扰加噪声 $\sqrt{p_{\mathrm{u}}}\sum_{i=1,i\neq k}^{K}\boldsymbol{t}_k^{\mathrm{H}}\boldsymbol{g}_i x_i + \boldsymbol{t}_k^{\mathrm{H}}\boldsymbol{n}$ 。则第 k 个目标用户接收的上行信干噪比可表征为

$$\gamma_k = \frac{p_{\mathrm{u}}\,|\boldsymbol{t}_k^{\mathrm{H}}\boldsymbol{g}_k|^2}{p_{\mathrm{u}}\sum_{i=1,i\neq k}^{K}|\boldsymbol{t}_k^{\mathrm{H}}\boldsymbol{g}_i|^2 + \|\boldsymbol{t}_k^{\mathrm{H}}\|^2} \tag{6.18}$$

当使用 ZF 检测时，$\boldsymbol{T}^{\mathrm{H}} = (\boldsymbol{G}^{\mathrm{H}}\boldsymbol{G})^{-1}\boldsymbol{G}^{\mathrm{H}}$ 或者 $\boldsymbol{T}^{\mathrm{H}}\boldsymbol{G} = \boldsymbol{I}_K$，上述公式可以等价表示为

$$\boldsymbol{t}_k^{\mathrm{H}}\boldsymbol{g}_i = \begin{cases} 1, & k = i \\ 0, & k \neq i \end{cases} \tag{6.19}$$

因此，利用式（6.19）结果，ZF 检测后的第 k 输出的即时接收信干噪比可进一步表示为

$$\begin{aligned} \gamma_k &= \frac{p_{\mathrm{u}}}{[(\boldsymbol{G}^{\mathrm{H}}\boldsymbol{G})^{-1}]_{kk}} \\ &= \frac{p_{\mathrm{u}}[\boldsymbol{\Omega}]_{kk}}{[(\boldsymbol{H}^{\mathrm{H}}\boldsymbol{H})^{-1}]_{kk}} \end{aligned} \tag{6.20}$$

式中，$[\cdot]_{kk}$表示矩阵的第 k 个对角线元素。假设在接收端进行独立检测操作，则基站端接收的可达和速率为来自于所有用户的速率总和

$$R = \sum_{k=1}^{K}\mathrm{E}[\log_2(1 + \gamma_k)] \tag{6.21}$$

式中，$\mathrm{E}[\cdot]$ 表示期望操作，期望是针对多径衰落和阴影衰落进行的统计操作。由式（6.21）可知，要想得到基于 ZF 接收检测系统的和速率需要已知瞬时信干噪比 γ_k 的统计特性。

6.3.2 可达和速率下界

本节给出一种基于 ZF 接收检测三维 MIMO 系统和速率下界闭式表达式，所提下界可适用于任意天线数和任意 SNR。具体描述如定理 6.1。

定理6.1：在三维MIMO系统中，当衰落信道为瑞利对数正态复合衰落信道时，使用ZF接收检测系统和速率下界可表示为

$$R_L = \sum_{k=1}^{K} \log_2\left(1 + p_{\mathrm{u}}(N-K)\exp\left(\frac{\mu_k}{\xi} + \frac{\sigma_k^2}{2\xi^2}\right)10^{\frac{a(\Delta\varphi_k,\Delta\theta_k)}{10}} d_k^{-v}\right) \tag{6.22}$$

证明：由式（6.20）和式（6.21），可以得到和速率下界为

$$\begin{aligned}
R \geqslant R_L &\overset{(a)}{=} \sum_{k=1}^{K} \log_2\left(1 + \frac{p_{\mathrm{u}}\mathrm{E}[\zeta_k 10^{\frac{a(\Delta\varphi_k,\Delta\theta_k)}{10}} d_k^{-v}]}{\mathrm{E}\{[(\boldsymbol{H}^{\mathrm{H}}\boldsymbol{H})^{-1}]_{kk}\}}\right) \\
&\overset{(b)}{=} \sum_{k=1}^{K} \log_2\left(1 + \frac{p_{\mathrm{u}}\mathrm{E}[\zeta_k 10^{\frac{a(\Delta\varphi_k,\Delta\theta_k)}{10}} d_k^{-v}]}{\frac{1}{K}\sum_{k=1}^{K}\mathrm{E}([(\boldsymbol{H}^{\mathrm{H}}\boldsymbol{H})^{-1}]_{kk})}\right) \\
&\overset{(c)}{=} \sum_{k=1}^{K} \log_2\left(1 + \frac{p_{\mathrm{u}}\mathrm{E}[\zeta_k 10^{\frac{a(\Delta\varphi_k,\Delta\theta_k)}{10}} d_k^{-v}]}{\frac{1}{K}[\mathrm{E}(\mathrm{tr}(\boldsymbol{H}^{\mathrm{H}}\boldsymbol{H})^{-1})]}\right)
\end{aligned} \tag{6.23}$$

式中，(a) 是由于利用式（6.9）和杰森不等式获得的；(b) 和 (c) 分别运用矩阵迹的性质。根据文献［12］可得

$$\mathrm{E}[\mathrm{tr}\{\boldsymbol{W}^{-1}\}] = \frac{m}{n-m} \tag{6.24}$$

式中，$\boldsymbol{W} \sim W_m(n, \boldsymbol{I}_n)$ 是一个自由度为 n 的 $m \times m$ 复中心Wishart矩阵，且满足条件 $n > m$。将式（6.24）代入式（6.23），可以得到如下表达式：

$$\begin{aligned}
R_L &\overset{(d)}{=} \sum_{k=1}^{K} \log_2\left(1 + \frac{p_{\mathrm{u}}(\mathrm{E}[\zeta_k 10^{\frac{a(\Delta\varphi_k,\Delta\theta_k)}{10}} d_k^{-v}])}{\frac{1}{K}\left(\frac{K}{N-K}\right)}\right) \\
&\overset{(e)}{=} \sum_{k=1}^{K} \log_2(1 + p_{\mathrm{u}}(N-K)(\mathrm{E}[\zeta_k]\mathrm{E}[10^{\frac{a(\Delta\varphi_k,\Delta\theta_k)}{10}}]\mathrm{E}[d_k^{-v}])) \\
&\overset{(f)}{=} \sum_{k=1}^{K} \log_2(1 + p_{\mathrm{u}}(N-K)(10^{\frac{a(\Delta\varphi_k,\Delta\theta_k)}{10}} d_k^{-v}\mathrm{E}[\zeta_k]))
\end{aligned} \tag{6.25}$$

式中，(d) 的结论是由于使用式（6.24）；(e) 是由于参数 ζ_k、d_k^{-v}、$10^{\frac{a(\Delta\varphi_k,\Delta\theta_k)}{10}}$ 相互独立；而 (f) 的结果来自于 $10^{\frac{a(\Delta\varphi_k,\Delta\theta_k)}{10}}$ 和 d_k^{-v} 是确定量。

最后，对于对数正态分阴影衰落随机变量 ζ_k，利用对数正态分布随机变量的 $\zeta_k \sim LN\left(\frac{\mu_k}{\xi}, \frac{\sigma_k^2}{\xi}\right)$ 基本性质[12]

$$\mathrm{E}[\zeta_k^r] = \exp\left(\frac{r}{\xi}\mu_k + \frac{1}{2}\left(\frac{r}{\xi}\right)^2\sigma_k^2\right) \tag{6.26}$$

将式（6.26）代入式（6.25），通过一些简化可以得到式（6.22）的结论。证明完毕。

根据定理6.1得出如下结论：三维MIMO系统和速率下界与发射功率 p_u 以及基站天线数量 N 呈对数关系，与阴影衰落均值和方差参数以及三维天线辐射增益呈线性关系。所提和速率下界随着收发端距离的增加而减小。

6.4 大规模MIMO渐进性能

大规模MIMO（基站端配置有成百上千的低功率天线阵列，同时服务大量用户）由于具有较高的能量效率并且维持较高的QoS受到极大的关注。当天线数量很多时，天线以二维形式部署不切实际。因此，在大规模MIMO系统中，天线将是三维形式部署形成三维MIMO。然而，三维MIMO对大规模MIMO系统的影响研究比较少。本节主要针对三维MIMO系统中ZF接收检测和速率大规模渐进性能进行研究。

为了对大规模天线系统性能以及参数对系统性能的影响进行深入分析，本节主要考虑两种情况：

（1）固定 p_u、K，令 N 趋于无穷

直观地，当发射功率 p_u 和用户数目 K 固定，而基站天线数目 N 趋于无穷时，基站端将获得无限功率，因此和速率渐进性能也趋于无穷。根据式（6.22）的下界，可以得出当 N 趋于无穷时，和速率渐进性能为

$$R_L = \sum_{k=1}^{K} \log_2\left(1 + p_u(N-K)\exp\left(\frac{\mu_k}{\xi} + \frac{\sigma_k^2}{2\xi^2}\right)10^{\frac{a(\Delta\varphi_k,\Delta\theta_k)}{10}} d_k^v\right) \xrightarrow{a.\,s} \infty \tag{6.27}$$

从式（6.27）可以得出以下结论：首先，当基站端配置大规模天线阵列时，小尺度瑞利衰落的影响将消除；其次，和速率下界由基站端天线数量 N、阴影衰落参数 μ 与 σ、天线辐射损耗 a 以及路径损耗参数 d 与 v 等决定。这意味着大规模MIMO对消除小尺度衰落参数总是有好处的。因此，当基站天线数趋于无穷时，和速率也随之趋于无穷。

（2）固定 E_u、K，令 N 趋于无穷，$p_u = E_u/N$

在大规模MIMO中，为了充分显示大规模系统的高能量效率优势，通常发射功率采用基站天线数归一化发射功率。在归一化功率条件下，基站端接收总功率并不随着基站天线数无限增加而趋于无穷，而是总功率有一个固定值。这一方案在实际中比较有意义，因为低功耗绿色通信不仅有利于商业成本，而且对环境污染和人身安全也具有至关重要的意义。由式（6.22）可以得出

$$\begin{aligned} R_L &= \sum_{k=1}^{K} \log_2\left(1 + p_u(N-K)\exp\left(\frac{\mu_k}{\xi} + \frac{\sigma_k^2}{2\xi^2}\right)10^{\frac{a(\Delta\varphi_k,\Delta\theta_k)}{10}} d_k^v\right) \\ &\xrightarrow[N\to\infty]{a.\,s.} \sum \log_2\left(1 + E_u\exp\left(\frac{\mu_k}{\xi} + \frac{\sigma_k^2}{2\xi^2}\right)10^{\frac{a(\Delta\varphi_k,\Delta\theta_k)}{10}} d_k^{-v}\right) \end{aligned} \tag{6.28}$$

式（6.28）表明在基站端配置大量天线，每个用户发射功率可以降低为原来的 $1/N$ 而保持一个期望的 QoS。此外，当基站天线数趋于无穷时，和速率不是随着天线数目趋于无穷而是趋于一固定常量。更重要的是即使发射功率降低为原来 $1/N$，小尺度衰落的影响仍然可以消除。最后，和速率随着用户数呈线性增加，随着 SNR 呈对数增加。

本章主要目的是研究和分析三维 MIMO 系统和速率性能，根据系统和速率性能进一步给出和速率下界的闭式表达式，并分析用户水平分布与垂直分布对系统性能的影响。利用所提和速率下界作为基础，进行大规模天线性能分析，并给出总功率固定和单天线功率固定时基站天线趋于无穷时的渐进表达式。

6.5 仿真结果

在本节仿真中，将提供一些仿真结果用于验证理论分析的正确性。假设没有考虑墙壁穿透损耗、表面反射损耗以及玻璃穿透损耗的影响。本节的仿真验证考虑单层楼（$L=1$）和多层楼（$L=3$）两种场景。

首先，考虑只有一个楼层的简单场景（$L=1$）。本场景用于验证所提三维 MIMO 和速率下界的闭式表达以及大规模渐进分析的正确性。此外，还分析了基站天线数量以及用户发射功率对系统性能的影响。

表 6-1 三维 MIMO 参数设置

参数名称	参数描述	参数值
φ_{3dB}	水平 3dB 波瓣宽度	70°
θ_{3dB}	垂直 3dB 波瓣宽度	7°
SLL_h	水平旁瓣电平	25dB
SLL_v	垂直旁瓣电平	20dB
SLL_{tot}	总旁瓣电平	25dB
a_{max}	最大天线增益	0dBi
α_{orn}	水平初始辐射角	0°

其次，同时考虑水平和垂直用户分布的多楼层覆盖的（$L=3$）高楼覆盖场景。

在本节的仿真中，阴影衰落均值参数 $\mu_k=4$dB，标准差参数 $\sigma_k=2$dB，其中 $k=1,\cdots,K$。路径损耗指数 $\upsilon=4$。基站与楼层中心之间的距离为 D。基站天线下倾角指向地面为正值否则为负值。

本节针对两种场景中的 6 种情况进行了仿真分析：

1）二维 MIMO 和三维 MIMO 的和速率与下界的闭式表达式。

2）不同下倾角的和速率性能。

3）固定平均功率和固定总功率的大规模天线渐进性能。

4）不同用户下的和速率性能。

5）单个楼层与整个楼层用户和速率性能。

6）用户三维分布对三维 MIMO 系统性能影响。

6.5.1 节包含前四种情况的仿真分析，6.5.2 节包含（5）和（6）两种情况的仿真分析。

6.5.1 场景一

本场景考虑上行单小区多用户三维 MIMO 系统，所有用户分布在一个楼层内。基站与楼层中心的距离假设为 1000m。假设所有用户均匀分布于半径为 100m 楼层内。

首先，分析验证不同基站天线下倾角的和速率下界。在此仿真配置下，假设基站配有 10 根天线（$N=10$），同时服务 2 个用户（$K=2$），每个用户配有 1 根天线，用户发射功率为 5dB($p_u=5$dB)。

图 6-2 给出了二维 MIMO 和三维 MIMO 系统在不同下倾角时可达和速率以及下界。由图 6-2 可以发现由于受天线垂直辐射增益的影响，三维 MIMO 系统在下倾角为 $-9.5°\sim6°$ 的范围内性能要好于二维 MIMO 系统。在基站天线辐射波束指向用户之前和速率随着下倾角的增加而增加，随着下倾角偏离用户和速率随着下倾角的增加而减少。此外，二维 MIMO 和三维 MIMO 下界在整个下倾角变换过程中充分逼近理论值。最后，还可以发现即使在天线数很少时，定理 6.1 的下界在整个下倾角范围内也能充分逼近理论值。

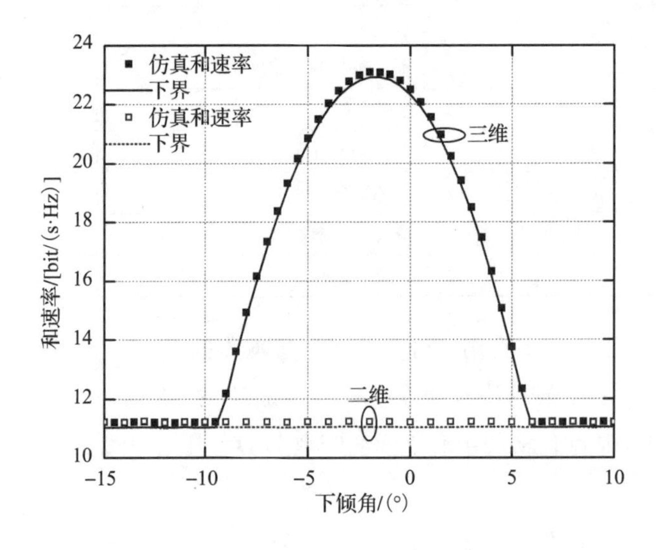

图 6-2 不同下倾角二维 MIMO 与三维 MIMO 和速率性能以及下界

其次，通过仿真验证所提和速率下界在不同基站天线数的逼近情况。图 6-3 给出不同

SNR 和基站天线数和速率及其下界。假设基站天线数目为 10 和 50（$N=10$，50），用户数 $K=2$，下倾角为 0°。

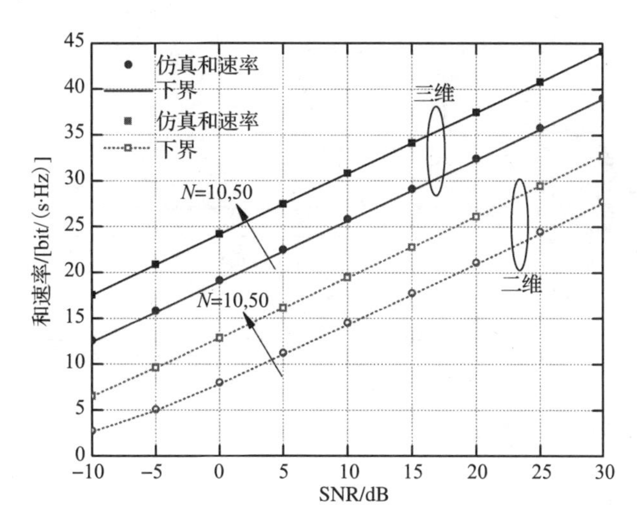

图 6-3　不同 SNR 下二维 MIMO 与三维 MIMO 和速率性能以及下界

明显地，图 6-3 给出的和速率下界在所有 SNR 范围内随着基站天线数的增加逼近程度逐渐增加。此外，在所有 SNR 和天线数情况下，三维 MIMO 和速率性能都要优于二维 MIMO 性能。因此，可以得出三维 MIMO 更能准确地表征实际信道环境。

图 6-4 和图 6-5 仿真验证了二维 MIMO 与三维 MIMO 系统大规模 MIMO 配置下和速率及其下界的渐进性能。图 6-4 所示为单天线发射功率为 10dB 时，基站天线数与和速率及其下界［参考式（6.27）］关系。图 6-5 显示的是单天线发射功率为 $p_u=10/N$ 时，基站天线数与和速率及其下界［参考式（6.28）］关系。

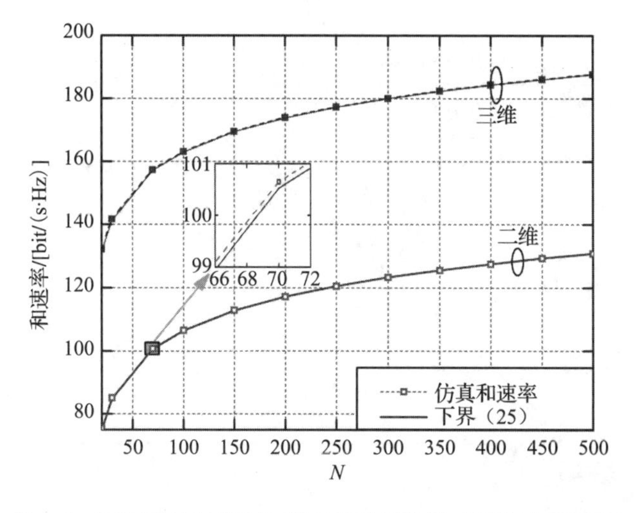

图 6-4　不同基站天线和速率及其下界性能（平均功率固定）

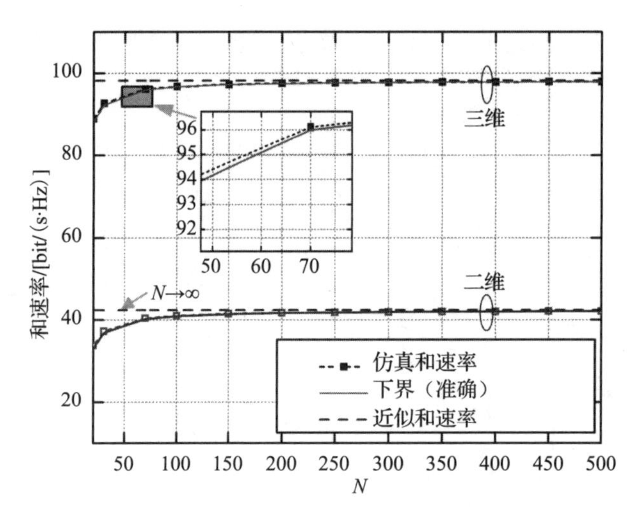

图 6-5　不同基站天线数和速率及其下界性能（总功率固定）

图 6-4 与图 6-5 中，分析了单天线功率固定（$p_u=10$dB）与总功率固定（$p_u=10/N$ dB）渐进和速率及其下界性能。正如 6.4 节中的分析，当 $p_u=10$dB，而基站天线数趋于无穷时，和速率及其下界以对数增加趋于无穷；当 $p_u=10/N$ dB，而基站天线数趋于无穷时，和速率下界增加相对缓慢且趋于一固定常量，这与 6.4 节理论分析一致。对于基站天线数 N 很大时，理论分析和速率（短虚线）与和速率下界（实线）趋近于渐进和速率（虚线）。此外，图 6-4 与图 6-5 也表明和速率下界在任意基站天线数都充分逼近理论分析结果。最后，可以得出在整个大规模 MIMO 渐进性能分析中，三维 MIMO 性能要好于二维 MIMO 系统性能。

图 6-6 给出了二维 MIMO 和三维 MIMO 在单天线功率固定与总功率固定时和速率及其下界与用户数量之间的关系。

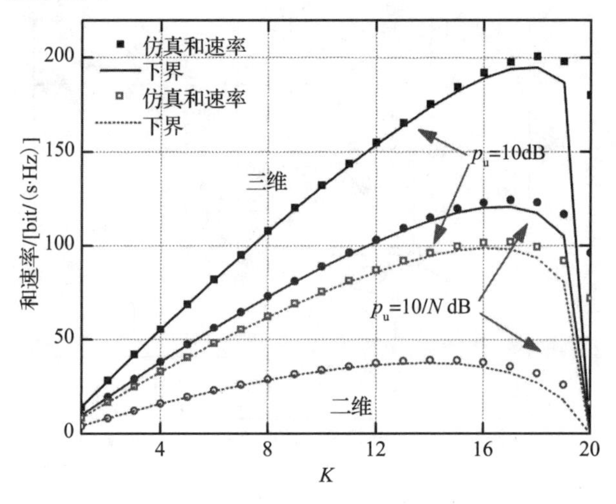

图 6-6　和速率下界与用户数关系

由图6-6可知，当用户数较少时，和速率也较小；而当用户数比较大时，和速率反而很小，这是因为服务更多的用户时，每个用户的剩余自由度将减少。因此，服务最多的用户时性能并非最优。从图6-6可以发现三维MIMO与二维MIMO在两种发射功率配置的情况下（$p_{\mathrm{u}}=10\mathrm{dB}$ 和 $p_{\mathrm{u}}=10/N\ \mathrm{dB}$）的最佳用户数分别为18、17、16、15。此外，当 $M\gg K$ 时，和速率下界与理论和速率匹配很好。特别地，本小节分析了性能最优时的最佳用户数。这在实际应用中能给网络规划和建设提供参考，因此是非常有意义的。

6.5.2 场景二

为了深入研究用户三维分布对和速率性能的影响，本小节考虑上行单小区多用户高楼覆盖场景。假设所有用户位于3层楼内，每层楼简化为半径为50m的圆，如图6-1所示。假设基站高度为30m，基站配置天线数为 N，用户高度为1.5m。基站与楼层中心的距离设置为100m。每层楼高为5m。

首先，分析用户均匀分布和正态水平分布与和速率及其下界关系。本仿真在垂直维度上只考虑均匀分布。假设 $K(K=39)$ 个用户均匀分布于三个楼层内，每个楼层具有13个用户。基站天线数分别取45（$N=45$）和60（$N=60$）。

图6-7中，对于均匀分布和正态分布用户，和速率及其下界均随着下倾角增加而增加（下倾角没有到达最优下倾角之前），这是由于更多的用户能够被天线垂直波束覆盖。对比用户均匀分布与用户正态分布曲线，有相同的总体和速率趋势。同时，在最优下倾角附近，正态分布用户和速率性能要好于均匀分布用户和速率性能。偏离最优下倾角约5°后，均匀分布用户与正态分布用户具有相似性能。此外，对比 $N=45$ 与 $N=60$ 两条曲线，不难发现在整个下倾角范围内 $N=60$ 的和速率下界逼近程度要好于 $N=45$。这一结论与图6-2～图6-5的结论一致。

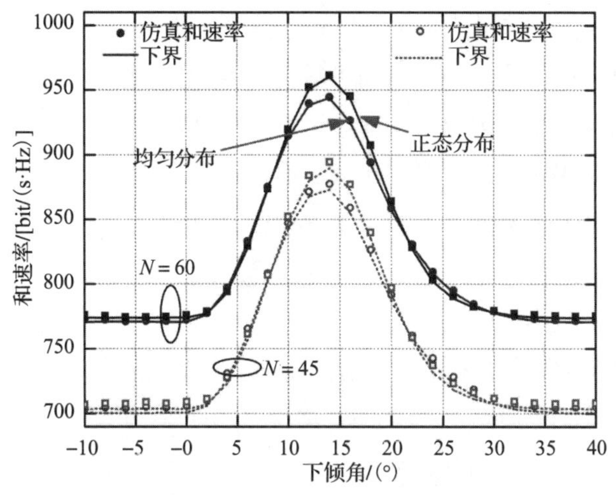

图6-7　用户水平分布与和速率下界关系

其次，在图 6-8 中，仿真给出每层用户和速率以及下界性能。黑色、蓝色以及红色实线对应于正态分布和速率性能及其下界，而橄榄色、紫色以及深黄色点线表征均匀分布和速率性能及其下界。从第 1 层至第 3 层，由于基站和用户间距离缩短，最优和速率逐渐增大。正如上述分析，第 1 层用户最佳和速率最小，这是由于第 1 层的用户具有较强的路径损耗，相反第 3 层用户具有最大的最佳和速率性能。此外，由图 6-8 可以发现正态分布的和速率性能优于均匀分布和速率性能，原因在于基站与楼层距离较小时，对于不同的用户以及不同的楼层用户俯仰角的变化较快。再者，对于正态分布将有更多的用户位于基站的辐射方向。

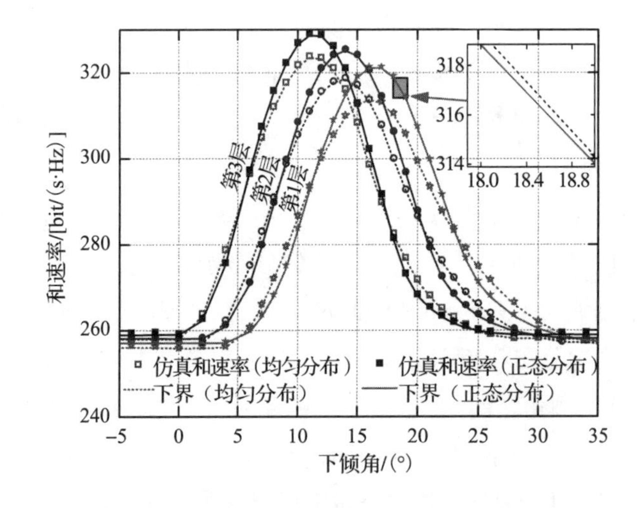

图 6-8　不同下倾角下每层用户和速率性能

最后，分析用户垂直分布对系统性能的影响。仿真参数设置参考图 6-6 的仿真参数，不同之处在于用户在三个楼层内非均匀分布。为了方便比较，本仿真考虑两种用户垂直分布模型：均匀分布模型［参考式（6.12）］和指数分布模型［参考式（6.13）］。对于指数分布，参数设置为 $\Lambda=27$、$\Upsilon=1/3$。从而可得到 1 ~ 3 层的用户数分别为 27、9、3。此外，水平维度的用户分布假设是均匀分布。考虑用户垂直分布时和速率性能如图 6-9 所示。

图 6-9 给出二维 MIMO 和三维 MIMO 系统用户在垂直均匀分布和指数分布和速率性能及其下界。由图 6-9 可知，两种分布的和速率性能具有相似的趋势，达到最佳和速率的天线下倾角约为15°，称为最优下倾角或者临界角。当下倾角偏离最优下倾角时，和速率随着下倾角的变化而减小。此外，当下倾角在 0° ~ 15°之间时，用户均匀分布和速率（黑色、红色曲线）性能要优于指数分布和速率性能。然而，当下倾角在 15° ~35°时，则相反。这是因为指数分布用户大部分位于第一层，在第一次层的用户具有大的下倾角。最后，可以得出基站天线数为 60 的（$N=60$）的和速率及其下界逼近程度要优于基站天线数为 45（$N=45$）的性能。

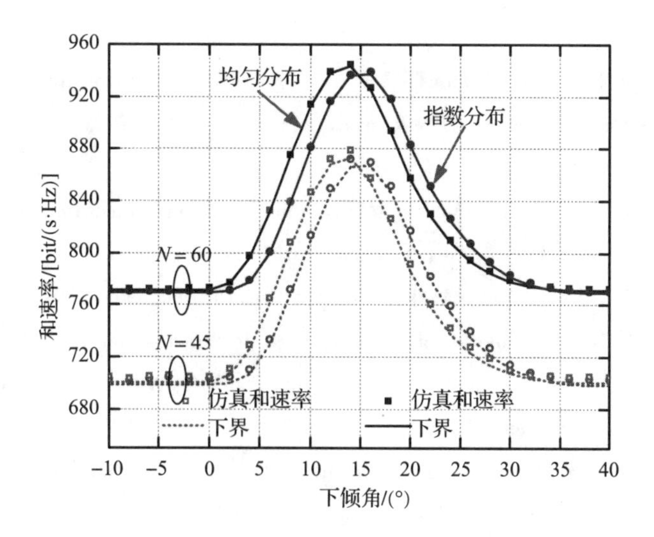

图6-9 用户垂直分布的和速率性能

6.6 本章小结

本章主要研究单小区多用户三维大规模 MIMO 系统接收技术及其性能。首先，推导给出一种基于 ZF 接收检测和速率下界的闭式表达式，所给出的下界适用于任意天线数目、SNR 以及下倾角范围。基于所提和速率下界，进一步对单天线功率固定和总功率固定两种情况下的大规模 MIMO 渐进性能进行分析。分析表明所提下界在大规模 MIMO 系统中能够充分逼近理论性能，并且随着基站天线数增多，逼近性逐渐增强。同时，研究下倾角对每层楼以及整个楼层的和速率性能的影响，分析得出使和速率最大的最优下倾角。研究发现通过适当调整下倾角可以弥补由于路径损耗造成的性能损失。此外，通过仿真分析获得了和速率最大最佳服务用户数。本章分析可以得出，通过基站端配置大规模天线、调整适当下倾角、调用最佳的服务用户数能够使得系统性能最优。

参考文献

[1] Xingwang Li, Lihua Li, Ling Xie. Achievable Sum Rate Analysis of ZF Receivers in 3D MIMO Systems[J]. KSII TRANSACTIONS ON INTERNET AND INFORMATION SYSTEMS 2014, 4(8): 1368-1389.

[2] L Lu, G Y Li, A L Swindlehurst, et al. An Overiew of Massive MIMO: Benefits and Challenges[J]. IEEE J. Sel. Topics in Signal Process., 2014, 5(8): 742-758.

[3] D Gesbert, M Kountouris, R W Heath Jr., et al. Shifting the MIMO Paradigm[J]. IEEE Signal Process. Mag., 2007, 5(24): 36-46.

[4] C Lim, T Yoo, B Clerckx, et al. Recent Trend of Multiuser MIMO in LTE-Advanced[J]. IEEE Commun.,

Mag., 2013, 3(51): 127-135.

[5] F Gunnarsson, M N Johansson, A Furushar, et al. Downtilted Base Station Antennas- A Simulation Model Poposal and Impact on HSPA and LTE Performance[C]. in Proc. VTC 2008-Fall Vhicular Technology Conference IEEE 68th, 2008: 1-5.

[6] J Hoydis, S Ten Brink, M Debbah. Massive MIMO in the UL/DL of Cellular Networks: How Many Antennas Do We Need? [J]. IEEE J. Sel. Areas Commun., 2013, 2(31): 160-171.

[7] J S Thompson, P M Grant, B Mulgrew. The Effects of User Distribution on CDMA Antenna Array Receivers [C]. IEEE Signal Process. Workshop on Signal Process. In Wireless Commun. 1997, 4: 181-184.

[8] A Muller, J Hoydis, R Couillet, et al. Optimal 3D Cell Planning: A Random Matrix Approach[C]. IEEE Global Commun. Conf, Anaheim, 2012.

[9] X Li, L Li, F Wen, et al. Sum Rate Analysis of MU-MIMO with a 3D MIMO Base Station Exploiting Elevation Features[J]. International Journal of Antennas and Propagation, 2015: 1-9.

[10] G L Stuber. Principles of Mobile Communication[M], 2nd ed. NYC NY: Springer, 2011.

[11] M K Simon, M S Alouini. Digital Communication over Fading Channels[M], 2nd ed. John Wiley & Sons Inc, 2005.

[12] A M Tulino, S Verdu. Random Matrix Theory and Wireless Communications[M]. http://www. nowpublisher. com/: Now(an Internet -Based publisher), 2004, The Essence of Knowledge: Foundations and Trends in Communications and Information Theory.

第7章

K复合衰落信道三维
多用户MIMO系统接收检测及性能

针对K复合衰落信道理论分析性能表达式涉及特殊函数的问题，研究复合衰落信道模型下三维MIMO系统和速率性能，通过分析推导出基于MRC和ZF接收检测系统和速率下界速率的闭式表达式，所得下界同时考虑多径衰落、阴影衰落、路径损耗、三维天线辐射损耗以及用户分布；然后基于所得和速率下界，针对大规模MIMO渐进性能进行分析。通过计算机仿真证明了所得和速率下界充分逼近蒙特卡洛仿真结果，从而证明理论分析的正确性。

7.1 研究背景

三维MU-MIMO系统由于能够充分利用信道垂直维度的增益增强系统性能而受到广泛关注[1,2]，且被3GPP标准化组织采纳为新一代移动通信标准[3]。在三维MIMO系统中，基站动态调整垂直波束用于服务不同位置的用户，有效地提高用户性能，尤其是边缘小区用户性能[4]。然而，不同位置的用户与基站间的通信链路不仅受小尺度衰落和大尺度衰落（阴影衰落和路径损耗），同时也受三维基站辐射损耗的影响[5]。因此，复合衰落信道下三维MIMO系统性能研究就显得尤为重要。

在复合衰落信道MU-MIMO系统研究中，和速率是评估其系统性能的一个重要指标。文献［6］通过高斯－埃尔米特多项式推导给出基于ZF检测瑞利/对数正态复合衰落信道点到点MIMO系统近似和速率。文献［7］针对Nakagami-*m*/LN复合衰落信道集中式MIMO和分布式MIMO系统，推导给出和速率近似性能。然而，在上述文献的研究中，由于LN阴影衰落的存在，导致系统和速率表达式不存在闭式解。基于上述原因，很多研究学者通过获得理论界和近似性能避免上述问题。利用随机矩阵理论，文献［2］推导给出基于ZF检测RLN复合衰落信道和速率下界闭式表达式，所得下界同时考虑小尺度衰落、大尺度衰落以及天线辐射损耗。文献［8］针对存在视距传播环境的Rician/LN复合衰落信道，研究了上行系统的和速率下界性能。文献［9］通过伽马阴影衰落代替LN阴影衰落得到K复合衰落信道，推导给出基于ZF接收检测分布式MIMIO和速率闭式表达式。文献［2，8］的共同特征在于下界推导是假设均匀分布的用户位置为固定常量，而文献［9］中给出的结果涉及特殊函数，都不利于进一步分析系统及衰落参数对和速率的影响，也不利于工程实现。

K复合衰落信道能够充分表征RLN复合衰落信道性能，并被广泛应用于无线、雷达以及光传播环境中[10]。鉴于上述文献中针对K复合衰落信道和速率性能研究存在的不足与三维MIMO技术优势，本章研究K复合衰落信道下三维MIMO系统和速率性能，推导给出基于ZF和MRC接收检测三维MIMO系统和速率下界闭式表达式，所得和速率下界充分考虑K复合衰落信道、三维基站以及用户分布对系统性能的影响；最后，结合当前研究热点大规模 MIMO 技术[11]，给出三维大规模 MIMO 系统渐进性能分析的闭式表达式。

7.2 系统模型

7.2.1 衰落信道模型

考虑单小区上行三维 MIMO 系统，小区分为三个扇区，每个扇区中有一个 N 天线基站，同时服务 K 个单天线用户（$N\geqslant K$）。假设所有用户未知 CSI，接收端获知完美 CSI，最佳发送方案为所有用户等功率（p_{u}）发送信息，基站接收到的信号向量 $\boldsymbol{y}\in\mathbb{C}^{N\times 1}$ 为

$$\boldsymbol{y} = \sqrt{p_{\mathrm{u}}}\boldsymbol{G}\boldsymbol{x} + \boldsymbol{n} \tag{7.1}$$

式中，$\boldsymbol{G}\in\mathbb{C}^{N\times K}$ 表示所在扇区基站与所服务的用户之间的信道矩阵；$g_{nk}=[\boldsymbol{G}]_{nk}$ 是基站的第 n 个天线和第 k 个用户之间的信道系数；$\boldsymbol{x}\in\mathbb{C}^{K\times 1}$ 是 K 个用户发送的信号；$\boldsymbol{n}\in\mathbb{C}^{N\times 1}$ 是零均值、单位协方差的加性高斯白噪声，$\boldsymbol{n}\sim\mathcal{CN}(\boldsymbol{0},\ \boldsymbol{I}_{N_{\mathrm{r}}})$。信道矩阵 $\boldsymbol{G}$ 包含小尺度衰落和大尺度衰落，数学表达式为

$$\boldsymbol{G} = \boldsymbol{H}\boldsymbol{\Omega}^{\frac{1}{2}} \tag{7.2}$$

式中，$\boldsymbol{H}\in\mathbb{C}^{N\times K}$ 表示小尺度衰落，其元素为零均值、单位方差的独立同分布（i. i. d）复高斯随机变量；$\boldsymbol{\Omega}\in\mathbb{C}^{K\times K}$ 表示大尺度衰落，对角线元素 Ω_k 包含由距离决定的路径损耗 d_k^v、服从伽马分布的阴影衰落 ξ_k 以及用户所在扇区基站与第 k 个用户之间的天线增益 $a(\Delta\varphi_k,\ \Delta\theta_k)$。其中阴影衰落系数 ξ_k 是独立的伽马随机变量，其概率密度函数为

$$p(\xi_k) = \frac{s_k^{s_k}\xi_k^{s_k-1}}{\Gamma(s_k)m_k^{s_k}}\exp\left(-\frac{s_k\xi_k}{m_k}\right),\quad \xi_k,s_k,m_k\geqslant 0 \tag{7.3}$$

式中，s_k 和 m_k 分别是伽马分布的形状和尺度参数，$\Gamma(\cdot)$ 为伽马函数[12]

$$\Gamma(z) = \int_0^{\infty}\mathrm{e}^{-t}t^{z-1}\mathrm{d}t \tag{7.4}$$

三维 MIMO 系统的天线增益 $a(\Delta\varphi_k,\ \Delta\theta_k)$ 包括水平增益和垂直增益，其大小分别由水平方位角（$\Delta\varphi_k$）和垂直俯仰角（$\Delta\theta_k$）决定。假设（x_{BS}，y_{BS}，z_{BS}）和（x_k，y_k，z_k）分别表示基站与第 k 个用户的坐标，第 k 个用户和基站的 x 轴坐标差值可以表示为 $\Delta x_k = x_k - x_{BS}$，同理，可以得到 y 轴坐标差值 Δy_k、z 轴坐标差值 Δz_k。则水平方位角 $\Delta\varphi_k$ 和垂直俯仰角 $\Delta\theta_k$ 相应为

$$\Delta\varphi_k = \mathrm{atan2}(\Delta x,\Delta y) - \alpha_{\mathrm{orn}} \tag{7.5}$$

$$\Delta\theta_k = \mathrm{atan2}(\Delta z,\sqrt{(\Delta x)^2 + (\Delta y)^2}) - \beta_{\mathrm{tilt}} \tag{7.6}$$

式中，初始方向角 α_{orn} 为固定值；β_{tilt} 表示天线下倾角，范围为 $-90°\leqslant\beta_{\mathrm{tilt}}\leqslant 90°$。天线增益

$a(\Delta\varphi_k, \Delta\theta_k)$ 为

$$a(\Delta\varphi_k) = a_{\mathrm{h}}(\Delta\varphi_k) + a_{\mathrm{v}}(\Delta\theta_k) \tag{7.7}$$

$$a_{\mathrm{h}}(\Delta\varphi_k) = -\min\left\{12\left(\frac{\Delta\varphi_k}{\varphi_{3\mathrm{dB}}}\right), \mathrm{SLL_h}\right\} + A_{\mathrm{m}} \tag{7.8}$$

$$a_{\mathrm{v}}(\Delta\theta_k) = \max\left\{-12\left(\frac{\Delta\theta_k}{\theta_{3\mathrm{dB}}}\right)^2, \mathrm{SLL_v}\right\} \tag{7.9}$$

式中，a_{h} 和 a_{v} 分别为水平和垂直方向天线增益；$\varphi_{3\mathrm{dB}}$ 和 $\theta_{3\mathrm{dB}}$ 分别表示水平和垂直半功率波束宽度；$\mathrm{SLL_h}$ 和 $\mathrm{SLL_v}$ 分别表示水平和垂直旁瓣电平；A_{m} 表示最大天线增益。基站与第 k 个用户之间的距离 d_k 为

$$d_k = \sqrt{(\Delta x)^2 + (\Delta y)^2 + (\Delta z)^2} \tag{7.10}$$

综上所述，大尺度衰落为

$$\Omega_k = \xi_k 10^{\frac{a(\Delta\varphi_k, \Delta\theta_k)}{10}} d_k^{-\upsilon} \tag{7.11}$$

式中，υ 为天线增益的路径损耗指数，取值范围在 2 ~ 5 之间。

7.2.2 用户分布模型

在 MU-MIMO 系统中，系统的性能不但受衰落影响，而且受用户分布影响。为了便于分析，小区近似为半径为 R_1 的圆，用户独立且均匀地分布在一个内半径为 R_0、外半径为 R_1 的环形区域内，则用户分布的极坐标形式概率密度函数为

$$f(x) = \frac{2x}{R_1^2 - R_0^2}, \quad R_0 \leqslant x \leqslant R_1 \tag{7.12}$$

$$f(\alpha) = \frac{1}{2\pi}, \quad 0 \leqslant \alpha \leqslant 2\pi \tag{7.13}$$

7.3 三维 MIMO 系统性能分析

本节研究 K 复合衰落场景下三维 MIMO 系统和速率性能，推导给出基于 MRC 和 ZF 线性检测器和速率下界闭式表达式。

7.3.1 可达和速率分析

采用线性 MRC 和 ZF 检测器，检测矩阵为 $\boldsymbol{A}$，则基站检测后信息为

$$\boldsymbol{r} = \boldsymbol{A}^{\mathrm{H}}\boldsymbol{y} \tag{7.14}$$

结合式（7.1）和式（7.14）可得

$$\boldsymbol{r} = \sqrt{p_{\mathrm{u}}}\boldsymbol{A}^{\mathrm{H}}\boldsymbol{G}\boldsymbol{x} + \boldsymbol{A}^{\mathrm{H}}\boldsymbol{n} \tag{7.15}$$

假设 r_k 和 x_k 分别是 $\boldsymbol{r}$ 和 $\boldsymbol{x}$ 的第 k 行元素，则有

$$r_k = \sqrt{p_u}\boldsymbol{a}_k^H\boldsymbol{g}_k x_k + \sum_{i=1,i\neq k}^{K}\sqrt{p_u}\boldsymbol{a}_k^H\boldsymbol{g}_i x_i + \boldsymbol{a}_k^H\boldsymbol{n} \tag{7.16}$$

式中，$\boldsymbol{a}_k$ 和 $\boldsymbol{g}_k$ 分别是矩阵 $\boldsymbol{A}$ 和 $\boldsymbol{G}$ 的第 k 列元素，则第 k 个用户的 SINR 为

$$\gamma_k = \frac{p_u |\boldsymbol{a}_k^H\boldsymbol{g}_k|^2}{p_u\sum_{i=1,i\neq k}^{K}|\boldsymbol{a}_k^H\boldsymbol{g}_i|^2 + \|\boldsymbol{a}_k\|^2} \tag{7.17}$$

采用 MRC 检测器时，$\boldsymbol{A}=\boldsymbol{G}$，$\gamma_k^{MRC}$ 为

$$\gamma_k^{MRC} = \frac{p_u \|\boldsymbol{g}_k\|^4}{p_u\sum_{i=1,i\neq k}^{K}|\boldsymbol{g}_k^H\boldsymbol{g}_i|^2 + \|\boldsymbol{g}_k\|^2} \tag{7.18}$$

采用 ZF 检测器时，$\boldsymbol{A}^H=(\boldsymbol{G}^H\boldsymbol{G})^{-1}\boldsymbol{G}^H$，$\gamma_k^{ZF}$ 为

$$\gamma_k^{MRC} = \frac{p_u \|\boldsymbol{g}_k\|^4}{p_u\sum_{i=1,i\neq k}^{K}|\boldsymbol{g}_k^H\boldsymbol{g}_i|^2 + \|\boldsymbol{g}_k\|^2} \tag{7.19}$$

采用 ZF 检测器时，$\boldsymbol{A}^H=(\boldsymbol{G}^H\boldsymbol{G})^{-1}\boldsymbol{G}^H$，$\gamma_k^{ZF}$ 为

$$\gamma_k^{ZF} = \frac{p_u}{[(\boldsymbol{G}^H\boldsymbol{G})^{-1}]_{kk}} = \frac{p_u[\boldsymbol{\Omega}]_{kk}}{[(\boldsymbol{H}^H\boldsymbol{H})^{-1}]_{kk}} \tag{7.20}$$

式中，$[\cdot]_{kk}$表示取矩阵对角线上第 k 个元素。综上分析，在接收端所有用户的可达和速率为

$$R = \sum_{k=1}^{K}\mathrm{E}[\log_2(1+\gamma_k)] \tag{7.21}$$

7.3.2 下界速率分析

定理 7.1：K 复合衰落信道场景下，三维 MIMO 系统 MRC 接收可达和速率下界如式（7.22）所示

$$R_L^{MRC} = \sum_{k=1}^{K}\log_2\left(1+\frac{2p_u(N-1)m_k 10^{\frac{a(\Delta\varphi_k,\Delta\theta_k)}{10}}\dfrac{R_1^{(2-v)}-R_0^{(2-v)}}{(2-v)(R_1^2-R_0^2)}}{2p_u\sum_{i=1,i\neq k}^{K}m_i 10^{\frac{a(\Delta\varphi_i,\Delta\theta_i)}{10}}\dfrac{R_1^{(2-v)}-R_0^{(2-v)}}{(2-v)(R_1^2-R_0^2)}+1}\right) \tag{7.22}$$

证明：

$$R^{MRC} = \sum_{k=1}^{K}\mathrm{E}\left\{\log_2\left(1+\frac{p_u|\boldsymbol{g}_k^H\boldsymbol{g}_k|^2}{p_u\sum_{i=1,i\neq k}^{K}|\boldsymbol{g}_k^H\boldsymbol{g}_i|^2+\|\boldsymbol{g}_k\|^2}\right)\right\} \tag{7.23}$$

利用杰森不等式[13]，式（7.23）可化简为

$$R_L^{\mathrm{MRC}} = \sum_{k=1}^{K} \log_2\left(1 + \left(\mathrm{E}\left\{\frac{p_\mathrm{u}\sum_{i=1,i\neq k}^{K} |\widetilde{\boldsymbol{g}}_i|^2 + 1}{p_\mathrm{u}\|\boldsymbol{g}_k\|^2}\right\}\right)^{-1}\right) \tag{7.24}$$

式中，$\widetilde{\boldsymbol{g}}_i = \frac{\boldsymbol{g}_k^\mathrm{H}\boldsymbol{g}_i}{\|\boldsymbol{g}_k\|}$，且$\widetilde{\boldsymbol{g}}_i \sim \mathcal{CN}(0, \Omega_i)$

$$\mathrm{E}\left\{\frac{p_\mathrm{u}\sum_{i=1,i\neq k}^{K} |\widetilde{\boldsymbol{g}}_i|^2 + 1}{p_\mathrm{u}\|\boldsymbol{g}_k\|^2}\right\} = \left(p_\mathrm{u}\sum_{i=1,i\neq k}^{K}\mathrm{E}\{\Omega_i\} + 1\right)\mathrm{E}\left\{\frac{1}{p_\mathrm{u}\|\boldsymbol{g}_k\|^2}\right\} \tag{7.25}$$

由下列恒等式：

$$\mathrm{E}[\mathrm{tr}\{\boldsymbol{W}^{-1}\}] = \frac{q}{l-q} \tag{7.26}$$

式中，$\boldsymbol{W} \sim \boldsymbol{W}_q(l, \boldsymbol{I}_l)$ 是一个自由度为 $l(l>q)$ 的中心复 Wishart 矩阵，将式（7.24）代入式（7.23）中可得

$$\mathrm{E}\left\{\frac{1}{p_\mathrm{u}\|\boldsymbol{g}_k\|^2}\right\} = \frac{1}{p_\mathrm{u}(N-1)E\{\Omega_k\}} \tag{7.27}$$

其中

$$\begin{aligned}\mathrm{E}(\Omega_k) &= \mathrm{E}\left(\xi_k 10^{\frac{a(\Delta\varphi_k,\Delta\theta_k)}{10}} d_k^{-v}\right)\\ &= \underbrace{\mathrm{E}(\xi_k)}_{①}\ \underbrace{\mathrm{E}\left(10^{\frac{a(\Delta\varphi_k,\Delta\theta_k)}{10}}\right)}_{②}\ \underbrace{\mathrm{E}(d_k^{-v})}_{③}\end{aligned} \tag{7.28}$$

$$\begin{aligned}① &= \int_0^{+\infty} \xi_k p(\xi_k)\mathrm{d}(\xi_k)\\ &= \frac{s_k^{s_k}}{\Gamma(s_k)m_k^{s_k}}\int_0^{+\infty}\xi_k^{s_k}\exp\left(-\frac{s_k\xi_k}{m_k}\right)\mathrm{d}(\xi_k)\end{aligned} \tag{7.29}$$

由积分等和伽马函数性质式[12]

$$\int_0^{+\infty} = x^{v-1}\exp(-\mu x)\mathrm{d}x = \frac{\Gamma(v)}{\mu^v} \tag{7.30}$$

$$\Gamma(x+1) = x\Gamma(x) \tag{7.31}$$

可得

$$① = m_k \tag{7.32}$$

$$② = 10^{\frac{a(\Delta\varphi_k)}{10}} \tag{7.33}$$

$$\begin{aligned}③ &= \int_{R_0}^{R_1} d_k^{-v} p(d_k)\mathrm{d}(d_k)\\ &= \frac{2}{R_1^2 - R_0^2}\int_{R_0}^{R_1} d_k^{-v+1} d(d_k) = \frac{2(R_1^{(2-v)} - R_0^{(2-v)})}{(R_1^2 - R_0^2)(2-v)}\end{aligned} \tag{7.34}$$

将式（7.34）、式（7.33）和式（7.32）代入式（7.28）可得

$$① = m_k \mathrm{E}(\Omega_k) = 2m_k 10^{\frac{a(\Delta\varphi_k,\Delta\theta_k)}{10}} \frac{R_1^{(2-v)} - R_0^{(2-v)}}{(R_1^2 - R_0^2)(2-v)} \tag{7.35}$$

将式（7.32）代入式（7.27），可得式（7.22）的结论。

定理 7.2：K 复合衰落信道场景下，三维 MIMO 系统 ZF 接收可达和速率下界如式（7.36）所示

$$K_L^{\mathrm{ZF}} = \sum_{k=1}^{K} \log_2\left(1 + 2p_{\mathrm{u}}(N-K)m_k 10^{\frac{a(\Delta\varphi_k,\Delta\theta_k)}{10}} \frac{R_1^{(2-v)} - R_0^{(2-v)}}{(2-v)(R_1^2 - R_0^2)}\right) \tag{7.36}$$

证明：

由式（7.20）和式（9.21）得和速率下界为

$$\begin{aligned} R^{\mathrm{ZF}} \geqslant R_L^{\mathrm{ZF}} &= \sum_{k=1}^{K} \log_2\left(1 + p_{\mathrm{u}} \frac{\mathrm{E}(\xi_k 10^{\frac{a(\Delta\varphi_k,\Delta\theta_k)}{10}} d_k^{-v})}{\mathrm{E}\{[(\boldsymbol{H}^{\mathrm{H}}\boldsymbol{H})^{-1}]_{kk}\}}\right) \\ &= \sum_{k=1}^{K} \log_2\left(1 + p_{\mathrm{u}} \frac{\mathrm{E}(\xi_k 10^{\frac{a(\Delta\varphi_k,\Delta\theta_k)}{10}} d_k^{-v})}{\frac{1}{K}\sum_{k=1}^{K}\mathrm{E}\{[(\boldsymbol{H}^{\mathrm{H}}\boldsymbol{H})^{-1}]_{kk}\}}\right) \end{aligned} \tag{7.37}$$

由式（7.28）得

$$R_L^{\mathrm{ZF}} = \sum_{k=1}^{K} \log_2\left(1 + 2p_{\mathrm{u}} \frac{m_k 10^{\frac{a(\Delta\varphi_k,\Delta\theta_k)}{10}} \frac{R_1^{(2-v)} - R_0^{(2-v)}}{(R_1^2 - R_0^2)(2-v)}}{\frac{1}{K}\mathrm{E}[\mathrm{tr}((\boldsymbol{H}^{\mathrm{H}}\boldsymbol{H})^{-1})]}\right) \tag{7.38}$$

利用式（7.26）可得

$$R_L^{\mathrm{ZF}} = \sum_{k=1}^{K} \log_2\left(1 + 2p_{\mathrm{u}} \frac{m_k 10^{\frac{a(\Delta\varphi_k,\Delta\theta_k)}{10}} \frac{R_1^{(2-v)} - R_0^{(2-v)}}{(R_1^2 - R_0^2)(2-v)}}{\frac{1}{K}\left(\frac{K}{N-K}\right)}\right) \tag{7.39}$$

综上可得式（7.36）的结论。

由定理 7.1 和定理 7.2 可知，系统可达和速率下界随着发射功率 p_{u}、基站天线数 N、阴影衰落参数 m_k 以及用户与基站最近距离 R_0 的增加呈对数增加，随着小区半径 R_1 的增加而减少。此外，由式（7.20）和式（7.31）还可以发现 ZF 检测同时服务的用户数要少于 MRC 检测（$K \geqslant 1$）。

7.3.3　大规模 MIMO 系统渐进性能

大规模 MIMO 技术由于能够充分挖掘空域资源，显著提高频谱效率和能量效率而受到学术界的广泛关注[11]。然而，针对 K 复合衰落信道场景下三维大规模 MIMO 渐进性能的

研究尚未有涉及。鉴于此，本小节分析给出K复合衰落信道场景下三维大规模MIMO系统和速率渐进性能。

推论7.1：K复合衰落信道场景下，三维MIMO系统MRC接收可达和速率渐进下界为

$$R_L^{\mathrm{MRC}}=\sum_{k=1}^{K}\log_2\left(1+\frac{2p_{\mathrm{u}}(N-1)m_k 10^{\frac{a(\Delta\varphi_k,\Delta\theta_k)}{10}}\dfrac{R_1^{(2-\upsilon)}-R_0^{(2-\upsilon)}}{(2-\upsilon)(R_1^2-R_0^2)}}{2p_{\mathrm{u}}\sum\limits_{i=1,i\neq k}^{K}m_i 10^{\frac{a(\Delta\varphi_i,\Delta\theta_i)}{10}}\dfrac{R_1^{(2-\upsilon)}-R_0^{(2-\upsilon)}}{(2-\upsilon)(R_1^2-R_0^2)}+1}\right)\to\infty \tag{7.40}$$

推论7.2：K复合衰落信道场景下，三维MIMO系统ZF接收可达和速率渐进下界为

$$R_L^{\mathrm{ZF}}=\sum_{k=1}^{K}\log_2\left(1+2p_{\mathrm{u}}(N-K)m_k 10^{\frac{a(\Delta\varphi_k,\Delta\theta_k)}{10}}\frac{R_1^{(2-\upsilon)}-R_0^{(2-\upsilon)}}{(2-\upsilon)(R_1^2-R_0^2)}\right)\to\infty \tag{7.41}$$

由推论7.1和推论7.2可知，随着基站天线数的增多，可达和速率渐进下界呈对数增长，其中三维大规模MIMO系统ZF及MRC接收可达和速率下界均由基站天线数N、用户数K、发送端功率p_{u}、伽马分布的尺度参数m_k、天线增益$a(\Delta\varphi_k,\ \Delta\theta_k)$和路径衰落指数$\upsilon$决定。此外，ZF接收有效消除用户间干扰，具有更好的和速率渐进性能。

7.4 仿真结果

本节将对三维MIMO系统进行仿真，验证上述分析。三维MIMO系统参数与衰落参数设置如表7-1所示。

表7-1 三维MIMO系统参数

参数	数值	参数	数值
$\varphi_{3\mathrm{dB}}$	65°	$\theta_{3\mathrm{dB}}$	6.2°
α_{orn}	0°	$\mathrm{SLL_h}$	25dB
SLL_υ	20dB	υ	4
A_{m}	0dBi	p_{u}	10dB
s_k①	2	m_k①	2

① $k=1,\ \cdots,\ K$。

图7-1仿真了在接收端使用ZF和MRC检测器时和速率及其下界随下倾角变化的曲线。我们定义天线正方向为向上，所以实际下倾角为负值。由图7-1可知，受天线的垂直俯仰角影响，三维MIMO系统的和速率式（7.19）与和速率下界式（7.20）、式（7.31）在下倾角为−30°～−4°的范围内性能优于二维MIMO系统且在−15°时性能达到最优，表明三维MIMO系统可以有效增加上行链路速率，提高接收端性能。另外可以明显看出三维MIMO系统和速率在基站天线对准用户之前随着下倾角的变大而增大，之后随着下倾角变大而减小。最后，在下倾角变化过程中，二维MIMO和三维MIMO系统的理论和速率与其下界充分拟合。

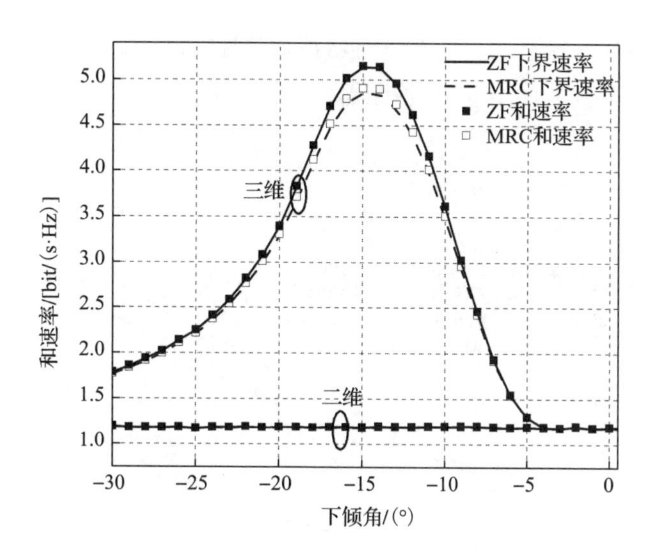

图 7-1　下倾角对二维、三维 MIMO 系统和速率及其下界速率的影响（$N=10$，$K=2$）

图 7-2 仿真了信噪比对接收端和速率及其下界的影响，假设用户数 $K=2$，天线数 N 分别为 100 和 200。ZF 检测器消除了用户间干扰，所得和速率与其下界拟合程度良好，且与信噪比呈线性关系，验证了上述理论分析的正确性；在高信噪比时，采用 MRC 检测器得到的和速率下界与和速率的拟合程度较差。基站天线数的增多会提高接收端速率；相同信噪比和天线数情况下，三维 MIMO 的性能优于二维 MIMO 系统。

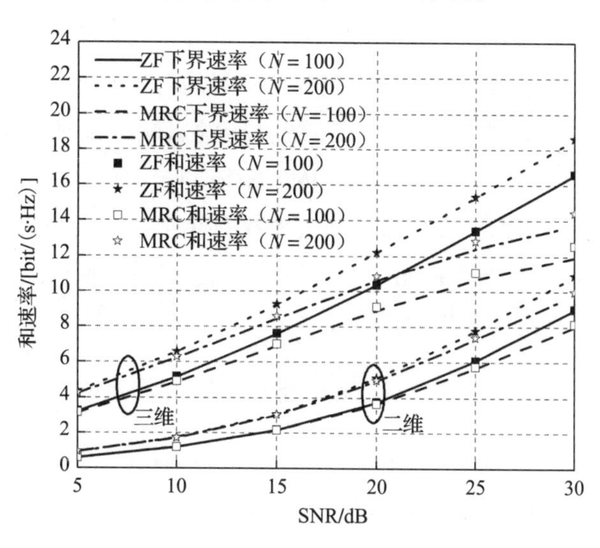

图 7-2　信噪比对二维、三维 MIMO 系统和速率及其下界速率的影响（$N_1=100$，$N_2=200$，$K=2$）

图 7-3 仿真了大规模 MIMO 系统在二维和三维情况下和速率随天线数的变化曲线。随着天线数 N 的增多，和速率及其下界都趋向无穷，且与天线数 N 的增长呈对数形式，证明了理论分析的正确性，表明大规模 MIMO 系统有效减小了小尺度衰落，可以明显提高系统

容量。其中三维 MIMO 系统利用天线的垂直增益，其性能优于二维 MIMO 系统，ZF 检测器消除了用户间干扰，其性能优于 MRC 检测器。

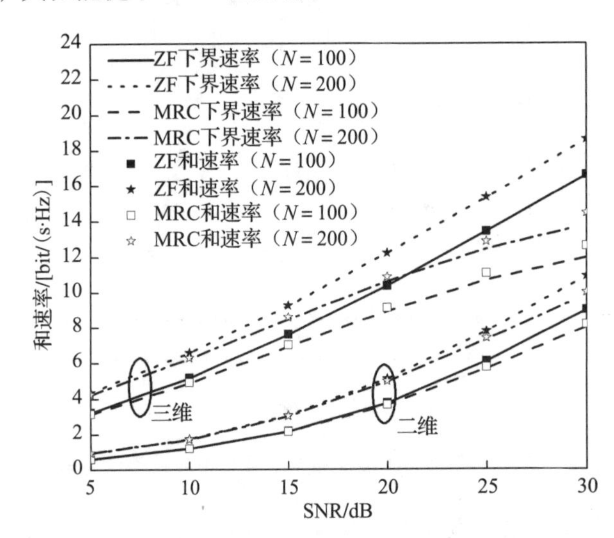

图 7-3　二维、三维 MIMO 系统和速率及其下界速率随基站天线数变化曲线（$N=100$，$K=2$）

7.5　本章小结

本章研究 K 复合信道情况下三维 MIMO 系统上行链路的和速率性能，推导出 K 复合衰落信道场景下三维 MIMO 系统 MRC 与 ZF 接收检测器的可达和速率下界的闭式表达式。为揭示天线下倾角、用户分布及检测方案对系统性能的影响提供理论依据，并给出大规模 MIMO 系统下逼近性能。分析表明，三维 MIMO 系统的接收端和速率受天线下倾角影响，整体性能优于二维 MIMO 系统。在下倾角和天线数的变化范围内和速率与其下界拟合程度良好。此外，ZF 检测器不存在用户间干扰，拟合情况和性能都优于 MRC 线性检测器。最后，通过计算机仿真验证理论分析的正确性。

参考文献

[1] Nadeem Q, Debbah M. 3D Massive MIMO systems: Modeling and performance analysis[J]. IEEE Transactions on Wireless Communications, 2015, 14(12): 1-1.

[2] Li X, Li L, Xie L. Achievable Sum Rate Analysis of ZF Receivers in 3D MIMO systems[J]. Ksii Transactions on Internet & Information Systems, 2014, 8(8): 1368-1389.

[3] 3GPP. 3D channel model for LTE, 3GPP TR 36. 873 V12. 0. 0, 2014.

[4] Seifi N, Coldrey M, Viberg M. Throughput optimization for MISO interference channels via coordinated user-specific tilting[J]. IEEE Communications Letters, 2012, 16(16): 1248-1251.

[5] Li W, Li H, Ling X, et al. Performance Analysis of 3D Massive MIMO Cellular Systems with Collaborative Base Station[J]. International Journal of Antennas & Propagation, 2014, 13(6): 1156-1159.

[6] Park M, Chae C, Jr., Heath R W. Ergodic capacity of Spatial Multiplexing MIMO Systems with ZF Receivers for Lognormal Shadowing and Rayleigh Fading Channels[C]. Proc. Int. Symp. Personal Indoor Mobile Radio Commun. (PIMRC), 2007, Greece: 1-5.

[7] Zhong C, Wong K K, Jin S. Capacity Bounds for MIMO Nakagami-m Fading Channels[J]. IEEE Trans. Signal Process., 2014, 57(9): 3613-3623.

[8] Tan F, Gao H, Su X, et al. Sum-Rate analysis for 3D MIMO with ZF receivers in ricean/Lognormal fading channels[J]. Ksii Transactions on Internet & Information Systems, 2015, 9(7): 2371-2388.

[9] Matthaiou M, Chatzidiamantis N D, Karagiannidis G K, Nossek J A. ZF Detectors over K Fading MIMO Channel[J]. IEEE Trans. Commun., 2011, 59(6): 1591-1603.

[10] Simon M K, Alouini M S. Digital communication over fading channels[M]. New York: Wiley, 2000: 17-37.

[11] Lu L, Li G Y, Swindlehurst A L, et al. An overview of Massive MIMO: Benefits and challenges[J]. IEEE Journal of Selected Topics in Signal Processing, 2014, 8(5): 742-758.

[12] Gradshteyn I S, Ryzhik I M. Table of integrals, series, and products[M]. 7th edition. San Diego: Academic Press, 2007: 346-892.

[13] Ngo H Q, Larsson E G, Marzetta T L. Energy and spectral efficiency of very large multiuser MIMO systems [J]. Communications IEEE Transactions on, 2011, 61(4): 1436-1449.

[14] Tulino A M, Verdus S. Random matrix theory and wireless communications[J]. Foundations & Trends in Communications & Information Theory, 2004, 1(1): 36-36.

第 8 章

多小区非协作大规模
三维 MIMO 预编码技术及性能

第7章研究了单小区三维大规模MIMO系统接收技术及性能，本章将考虑多小区非协作三维大规模MIMO的场景。大规模MIMO技术能够充分利用富余自由度简化信号处理复杂度、降低发射功率。三维MIMO技术垂直维度波束增强边缘用户性能提高吞吐量。然而，三维MIMO技术在增强边缘小区用户性能的同时也加剧了小区间干扰。在多小区三维MIMO系统中，存在小区间的CCI。因此，本章主要研究下行多小区三维MIMO系统预编码技术及性能。首先，给出基于归一化MRT预编码数据速率、误符号率以及中断概率性能分析表达式，所提分析表达式同时考虑多径衰落、阴影衰落、天线辐射损耗；然后，针对基于MRT预编码算法的三维大规模MIMO系统和速率渐进性能进行分析；最后，对多小区非协作三维MIMO同道干扰问题进行仿真分析。

8.1 研究背景

MU-MIMO由于能获得空间复用增益、消除多径衰落的问题而受到广泛关注[1]。当前的研究分别从信息论、频谱效率和能量效率、传输理论、资源管理以及标准化对MU-MIMO进行研究[2-4]。上述对于MU-MIMO的研究工作仅针对单小区场景，小区间干扰的影响被忽略了。然而，由于频率复用产生的同道干扰对系统有重大影响。因此，多小区环境干扰受限MU-MIMO技术成为研究热点[5]。研究表明，小区间干扰能够极大降低下行MU-MIMO系统性能。

为了解决上述问题，研究者提出许多干扰消除技术用于消除小区间干扰，例如最大似然多用户检测、多点协作、干扰对齐技术分别基于迭代、信息共享、零空间思想消除小区间干扰。然而，上述干扰消除技术都是非线性的，算法的实现复杂度比较高，在大规模MIMO系统中不适用。在大规模MIMO系统下，由于用户间的信道矢量接近正交，使用简单的预编码技术就可以消除干扰。因此，低复杂度的线性预编码算法成为大规模MIMO系统中的首选方案，例如，MRT/归一化MRT[6]、ZF[7]、RZF[8]等。

最近，大规模MIMO技术被提出用以提高系统容量以及能量效率[9]。在大规模MIMO系统中，有文献研究分析了在大规模MIMO系统中MRT和ZF预编码的渐进性能，并对MRT和ZF预编码频谱效率和能量效率进行对比。研究表明，在低频谱效率时MRT预编码能量效率优于ZF预编码能量效率性能，而在高频谱效率时ZF预编码能量效率要优于MRT预编码。在上行大规模MIMO系统中，MRC和ZF也有类似结论[7]。有文献研究了下行归一化MRT和ZF预编码性能以及大规模MIMO渐进性能。有文献研究了MRC、ZF、MMSE接收检测大规模MIMO和速率渐进性能。通过研究表明，在完美CSI下，发射功率可以降低为原来的$1/M$（M为基站天线数目）；在非完美CSI下，发射功率可以降低为原来的$1/\sqrt{M}$，而不影响系统性能。研究者通过研究指出，使用MRT预编码，在基站端配置大规模天线阵列时，用户间干扰、信道估计误差以及热噪声可以完全消除。

在多小区环境下，由于受频率复用产生的同道干扰的影响，小区边缘的用户性能严重恶化[7]。三维 MIMO 技术考虑垂直波束对系统性能的影响，有效地增强边缘小区覆盖，提高系统吞吐量。文献［8］指出通过调整天线下倾角同道干扰能够减少 50% 左右。鉴于此，三维 MIMO 技术受到越来越广泛的关注[9]。在文献［9］中，作者给出上行单小区基于 ZF 接收检测和速率下界，利用所提下界进行大规模 MIMO 渐进性能分析。然而，文献［9］的分析是针对单小区进行的，没能够充分体现下倾角对于同道干扰的影响。有文献考虑多小区三维 MIMO 波束赋形问题，通过系统级仿真表明三维 MIMO 比传统二维 MIMO 能够提高边缘小吞吐量。然而，三维 MIMO 在提高边缘小区用户吞吐量的同时加剧了相邻小区边缘用户干扰。为了分析这一问题，有文献研究基于 ZF 接收检测的多小区协作和速率性能，并给出性能的下界。在多小区协作三维 MIMO 系统中，可以有效消除小区间干扰，提高边缘小区用户性能。然而，在多小区协作中，小区协作开销将严重影响系统性能。

鉴于上述分析，本章主要针对下行多小区非协作三维大规模 MIMO 系统预编码技术及性能进行分析，并对干扰问题进行仿真分析。首先，在三维 MIMO 系统中，给出基于归一化 MRT 预编码算法的三维 MIMO 系统数据速率、误符号率以及中断概率，然后对系统在大规模 MIMO 配置下的和速率渐进性能进行分析。最后，对多小区非协作三维 MIMO 干扰进行仿真分析。

8.2 系统模型

8.2.1 MIMO 信道衰落模型

考虑下行多小区非协作三维大规模 MIMO 场景，如图 8-1 所示。在三维 MIMO 系统中，每个小区基站分成 3 个扇区，每个扇区基站服务所在扇区的所有用户，假设有 L 个小区，每个扇区基站天线数为 N，基站的高度为 h_{BS}（相对于地平面），同时服务 K 个单天线用户（$N>K$）。考虑下行发送，假设 L 个基站共享相同的频带。然而，当基站配有大规模 MIMO 天线阵列时，由于基站和用户间的维度差，将会有更多的自由度，从而可以发送更多的独立数据流。因此，如果许多用户在同一频带与基站进行通信，效率将会更高。则小区 l 的用户端接收的复基带信号为

$$\boldsymbol{y}_l = \sqrt{p_{\mathrm{d}}}\sum_{i=1}^{L}\boldsymbol{G}_{li}\boldsymbol{x}_i + \boldsymbol{n}_l \tag{8.1}$$

式中，$\boldsymbol{G}_{li}\in\mathbb{C}^{K\times N}$表示第 l 小区用户与第 i 小区基站之间的信道矩阵，$g_{likm}=[\boldsymbol{G}_{li}]_{km}$为第 l 小区的第 k 个用户与第 i 小区的第 m 根基站天线之间的信道系数；$\boldsymbol{x}_i\in\mathbb{C}^{N\times 1}$为基站端发送信

号向量；p_{d} 为基站发射的平均功率，假设每个天线发射功率相同；$\boldsymbol{n}_l$ 为 AWGN，$\boldsymbol{n}_l \sim \mathcal{CN}(\boldsymbol{0},\ \boldsymbol{I}_K)$。值得注意的是，噪声的发射功率假设为1，则基站平均发射功率 p_{d} 为归一化发射 SNR。

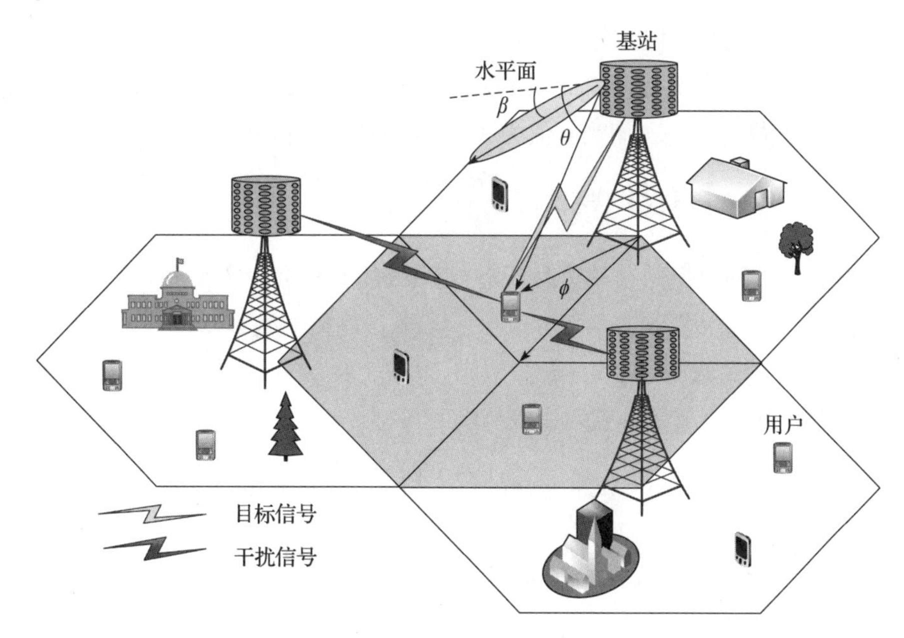

图 8-1　多小区非协作大规模 MIMO 场景示意图

信道矩阵 $\boldsymbol{G}_{li}$包括多径衰落、阴影衰落、路径损耗和三维天线辐射损耗4个部分，其中，多径衰落称为小尺度衰落，而阴影衰落、路径损耗以及三维天线辐射损耗称为大尺度衰落。则信道矩阵的组成可表示为

$$\boldsymbol{G}_{li} = \boldsymbol{H}_{li}\boldsymbol{\Omega}_{li}^{1/2} \tag{8.2}$$

$$g_{likm} = \Omega_{lik}^{1/2} h_{likm} \tag{8.3}$$

式中，h_{likm}为第 l 小区的第 k 个用户与第 i 小区的第 m 根基站天线间的多径衰落系数，系数 h_{likm}为零均值单位方差的复高斯随机变量，$h_{likm} \sim \mathcal{CN}(0,\ 1)$；系数 Ω_{lik}为第 l 小区中第 k 个用户与第 i 个小区的基站天线间的大尺度衰落，值得注意的是，由于大尺度衰落属于慢衰落，衰落程度受地形、周围障碍物以及天线辐射损耗影响，又由于基站间天线相距很小，因此基站所有天线到某一用户的大尺度衰落近似相等，即在式（8.3）中下标 m 可以省略。因此，大尺度衰落可以表示为

$$\begin{aligned}\boldsymbol{\Omega}_{li} &= \mathrm{diag}\{\Omega_{lik}\}_{k=1}^{K} \\ &= \mathrm{diag}\{\xi_{lik}a(\varphi_{lik},\theta_{lik})d_{lik}^{-v}\}\end{aligned} \tag{8.4}$$

式中，系数 ξ_{lik}为第 l 小区中第 k 个用户与第 i 小区基站间的阴影衰落，在实际无线通信环境中，通过实验测量分析可知阴影衰落符合 LN 分布，系数 ξ_{lik}的 PDF 可表示为

$$p(\xi_{lik}) = \frac{\eta}{\sqrt{2\pi}\sigma_{lik}\xi_{lik}}\exp\left(-\frac{(10\log_{10}\xi_{lik}-\mu_{lik})^2}{2\sigma_{lik}^2}\right) \tag{8.5}$$

式中，η 为固定常量，其值为4.3429；μ_{lik}和 σ_{lik}为第 l 小区的第 k 用户与第 i 小区基站间阴影衰落的均值和标准差，单位为分贝（dB）。

系数 d_{lik}为第 l 小区的第 k 用户与第 i 小区基站的距离，υ 为路径损耗指数，当 υ 值为 3～4 时对应城市宏蜂窝环境，而当 υ 值为 2～8 时对应城市微蜂窝环境。

8.2.2　三维 MIMO 信道

基站端三维天线辐射损耗（单位为 dBi）参考 3GPP 标准，定义为

$$a_{\mathrm{dB}}(\theta_{lik},\varphi_{lik}) = -\min\{-[a_{\mathrm{v}}(\theta_{lik}) + a_{\mathrm{h}}(\varphi_{lik})],A_{\mathrm{m}}\} \tag{8.6}$$

式中，A_{m} 为水平辐射最大增益；$a_{\mathrm{v}}(\varphi_{lik},\theta_{lik})$ 和 $a_{\mathrm{h}}(\varphi_{lik},\theta_{lik})$ 分别为基站天线的垂直辐射增益和水平辐射增益，其表达式可表征为

$$a_{\mathrm{v}}(\theta_{lik}) = -\min\left[12\left(\frac{\theta_{lik}-\beta_l}{\theta_{3\mathrm{dB}}}\right)^2,\mathrm{SLA}_{\mathrm{v}}\right] \tag{8.7}$$

$$a_{\mathrm{h}}(\varphi_{lik}) = -\min\left[12\left(\frac{\varphi_{lik}-\varphi_l^{\mathrm{orn}}}{\varphi_{3\mathrm{dB}}}\right)^2,A_{\mathrm{m}}\right] \tag{8.8}$$

式中，$\theta_{3\mathrm{dB}}$和 $\varphi_{3\mathrm{dB}}$分别为水平与垂直 3dB 波瓣宽度；$\mathrm{SLA}_{\mathrm{v}}$ 为垂直天线辐射的旁瓣电平；θ_{lik}为第 l 小区第 k 个用户与第 i 个基站之间的连线与水平面的夹角；φ_{lik}为第个 l 小区第 k 个用户与第 i 个基站和用户所在水平面交点之间的连线与初始方位的夹角；β_l 为第 l 个小区基站天线的下倾角；φ_l^{orn} 为第 l 个小区基站水平天线波瓣固定辐射角。各参数的具体定义如图 8-1 所示。水平天线间距为半波长（0.5λ）。

因此，三维天线辐射损耗的数值形式可以表示为

$$a(\theta_{lik},\varphi_{lik}) = 10^{\frac{a_{\mathrm{dB}}(\theta_{lik},\varphi_{lik})}{10}} \tag{8.9}$$

注意：在本三维 MIMO 模型中，假设基站天线的高度为 h_{BS}，用户的高度为 h_{UT}。由上述分析可知，三维天线的辐射损耗与用户在小区的坐标（位置）有重大关系。

8.2.3　归一化 MRT 预编码

基于上述两小节模型分析，本小节针对三维 MIMO 系统 MRT 预编码进行分析。假设基站端已知本小区完美 CSI，这一假设在中低速环境下是合理的[7]。假设基站端使用 MRT 预编码，则式（8-1）可以重新表征为

$$\boldsymbol{y}_l = \sqrt{p_{\mathrm{d}}}\sum_{i=1}^{L}\boldsymbol{G}_{li}\boldsymbol{F}_{ii}\boldsymbol{s}_i + \boldsymbol{n}_l \tag{8.10}$$

式中，$\boldsymbol{F}_{ii}=[\boldsymbol{f}_{i1}\,\boldsymbol{f}_{i2}\cdots\boldsymbol{f}_{iK}]\in\mathbb{C}^{N\times K}$为线性预编码矩阵；$\boldsymbol{s}_l=[s_{l1},\ s_{l2},\ \cdots,\ s_{lK}]$ 为发送到第 l 小

区用户的信息符号，假设 $\mathrm{E}[\boldsymbol{s}_l]=0$，$\mathrm{E}[\boldsymbol{s}_l\boldsymbol{s}_l^{\mathrm{H}}]=\boldsymbol{I}$。

为了便于分析，将 $\boldsymbol{y}_l$ 的第 k 个元素表示为

$$\begin{aligned} y_{lk} &= \sqrt{p_{\mathrm{d}}}\sum_{i=1}^{L}[\boldsymbol{G}_{li}]_k\boldsymbol{F}_{ii}\boldsymbol{s}_i+\boldsymbol{n}_{lk} \\ &= \sqrt{p_{\mathrm{d}}}[\boldsymbol{G}_{ll}]_k\boldsymbol{F}_{ll}\boldsymbol{s}_l+\sum_{i=1,i\neq l}^{L}[\boldsymbol{G}_{li}]_k\boldsymbol{F}_{ii}\boldsymbol{s}_i+[\boldsymbol{n}_l]_k \end{aligned} \tag{8.11}$$

式中，$[\boldsymbol{A}]_k$ 为矩阵 $\boldsymbol{A}$ 的第 k 行，$\boldsymbol{A}_k$ 为矩阵 $\boldsymbol{A}$ 的第 k 列。则第 l 小区第 k 个用户的接收信息表示为

$$\begin{aligned} y_{lk} = {} & \sqrt{p_{\mathrm{d}}}[\boldsymbol{G}_{ll}]_k\boldsymbol{f}_{lk}s_{lk}+\sqrt{p_{\mathrm{d}}}\sum_{m=1,m\neq k}^{K}[\boldsymbol{G}_{ll}]_k\boldsymbol{f}_{lm}s_m \\ & +\sum_{i=1,i\neq l}^{L}[\boldsymbol{G}_{li}]_k\boldsymbol{F}_{ii}\boldsymbol{s}_i+[\boldsymbol{n}_l]_k \end{aligned} \tag{8.12}$$

由式（8.12）可知，第 l 小区的用户 k 接收的信号分为两个部分：

1）期望信号 $\sqrt{p_{\mathrm{d}}}[\boldsymbol{G}_{ll}]_k\boldsymbol{f}_{lk}s_{lk}$。

2）干扰加噪声 $\sqrt{p_{\mathrm{d}}}\sum_{m=1,m\neq k}^{K}[\boldsymbol{G}_{ll}]_k\boldsymbol{f}_{lm}s_m+\sum_{i=1,i\neq l}^{L}[\boldsymbol{G}_{li}]_k\boldsymbol{F}_{ii}\boldsymbol{s}_i+[\boldsymbol{n}_l]_k$，其中干扰加噪声由小区内干扰、小区间干扰、噪声三部分组成。$\boldsymbol{F}_{ii}$ 为 i 小区基站发送预编码矩阵，本节考虑归一化 MRT 预编码和非归一化预编码两种情况。在归一化预编码中，有向量归一化和矩阵归一化两种[6]。假设预编码矩阵为 $\boldsymbol{P}_l$，$l=1$，$\cdots L$，则预编码矩阵和归一化预编码向量分别为

$$\boldsymbol{P}_{ii}=\boldsymbol{G}_{ii}^{\mathrm{H}}=[\boldsymbol{p}_{l1}\boldsymbol{p}_{l2}\cdots\boldsymbol{p}_{lk}\cdots\boldsymbol{p}_{lK}] \tag{8.13}$$

$$\boldsymbol{f}_{lk}=\frac{\boldsymbol{p}_{lk}}{\sqrt{K}\|\boldsymbol{p}_{lk}\|} \tag{8.14}$$

$$\boldsymbol{f}_{lk}=\frac{\boldsymbol{p}_{lk}}{\|\boldsymbol{P}_{lk}\|} \tag{8.15}$$

根据式（8.12）可得第 l 小区的第 k 个用户的接收信干噪比 γ_{lk} 为

$$\gamma_{lk}=\frac{p_{\mathrm{d}}\|[\boldsymbol{G}_{ll}]_k\boldsymbol{f}_{lk}\|^2}{p_{\mathrm{d}}\sum_{m=1,m\neq k}^{K}\|[\boldsymbol{G}_{ll}]_k\boldsymbol{f}_{lm}\|^2+p_{\mathrm{d}}\sum_{i=1,i\neq l}^{L}\|[\boldsymbol{G}_{li}]_k\boldsymbol{F}_{ii}\|^2+\|[\boldsymbol{n}_l]_k\|^2} \tag{8.16}$$

在 RLN 复合衰落模型中，式（8.16）中的信干噪比 γ_{lk} 没有闭式表达式。鉴于这一问题，在进行三维 MIMO 性能分析和大规模 MIMO 渐进性能分析前进行以下假设：

1）在进行三维 MIMO 性能分析时，利用归一化 MTR 预编码，并假设每个小区一个用户 $K=1$，另外假设阴影衰落为常量。

2）在进行大规模 MIMO 渐进分析时，假设每个小区有多个用户，并同时考虑阴影衰落的影响。

8.3 三维 MIMO 性能

本节将利用式（8.16）所示的信干噪比公式和假设对三维 MIMO 系统性能进行分析。在进行系统分析之前，先要获得信干噪比 γ_{lk} 的 PDF，然后分别给出系统数据速率、误符号率以及中断概率的分析表达式。

根据式（8.16）信干噪比和 8.2 节的假设，信干噪比的表达式可以重新表述为

$$\gamma_l = \frac{p_\mathrm{d} \|\boldsymbol{g}_{ll}\|^2}{\sum\limits_{i=1,i\neq l}^{L} \left\|\boldsymbol{g}_{li} \frac{\boldsymbol{g}_{ii}^\mathrm{H}}{\|\boldsymbol{g}_{ii}\|}\right\| + \|n_{lk}\|^2} \tag{8.17}$$

分析可知，要得到数据速率、误符号率以及中断概率，必须得到 γ_l 的 PDF。下面将通过命题 8.1 给出 γ_l 的 PDF。

命题 8.1：下行多小区三维 MIMO 系统中，使用归一化 MRT 预编码时，基站到 l 用户的信干噪比可表示为

$$\gamma_l = \frac{p_\mathrm{d} X_l}{p_\mathrm{d} Z_l + 1} \tag{8.18}$$

式中，X_l 和 Z_l 分别为独立的随机变量，PDF 分别为

$$p_{X_l}(x) = \frac{x^{N-1}\mathrm{e}^{-x/\Omega_{ll}}}{(N-1)!\Omega_{ll}^N} H_0(x) \tag{8.19}$$

$$p_{Z_l}(z) = \sum_{m=1}^{\varpi(A_l)} \sum_{n=1}^{\tau_m(A_l)} \chi_{mn}(\boldsymbol{A}_l) \frac{\mu_{\langle lm\rangle}^{-n}}{(n-1)!} z^{n-1} \exp\left(-\frac{z}{\mu_{\langle lm\rangle}}\right) H_0(x) \tag{8.20}$$

式中，$H_0(\cdot)$ 为单位阶跃函数；$\mu_{li} = \Omega_{li}$，$l=1, \cdots, L$，$i=1, \cdots, L$，$\boldsymbol{A}_l = \mathrm{diag}\{\mu_{l1}, \cdots, \mu_{lL}\}$；$\varpi(\boldsymbol{A}_l)$ 为矩阵 $\boldsymbol{A}_l$ 不同对角线元素个数；$\mu_{\langle l1\rangle} > \cdots > \mu_{\langle l\varpi(\boldsymbol{A}_l)\rangle}$ 为对角线元素大小排序；$\tau_m(\boldsymbol{A}_l)$ 为对角线中 $\mu_{\langle lm\rangle}$ 的个数；$\chi_{mn}(\boldsymbol{A}_l)$ 为矩阵 $\boldsymbol{A}_l$ 的第（m，n）个特征函数，其定义参考文献［11］的定理 4。

证明：对于分子，$\boldsymbol{g}_{ll}$ 是一个零均值方差为 Ω_{ll} 高斯向量，因此 $\|\boldsymbol{g}_{ll}\|^2$ 为自由度为 $2N$ 的卡方分布，$X \sim \chi_{2N}(\Omega_{ll})$，可得出式（8.19）的结论。

对于分母，令 $Y_i = \boldsymbol{g}_{li}\frac{\boldsymbol{g}_{ii}^\mathrm{H}}{\|\boldsymbol{g}_{ii}\|}$，在条件 $\frac{\boldsymbol{g}_{ii}}{\|\boldsymbol{g}_{ii}\|}$ 下，Y_l 为一个零均值方差为 Ω_{ii} 的高斯随机变量。因此，$\sum\limits_{i=1,i\neq l}^{L}\|Y_i\|$ 为 $L-1$ 个独立非同分布的指数分布之和。由上面的假设可知

$$\sum_{i=1,i\neq l}^{L} \|Y_i\| = Z_l \tag{8.21}$$

根据文献［11］中的定理，可得出 Z_l 的 PDF 为式（8.20）。证明完毕。

8.3.1 数据速率

结合式（8.17）和式（8.18），则第l小区用户的数据速率为

$$R_l = \mathrm{E}[\log_2(1+\gamma_l)] \tag{8.22}$$

根据命题8.1的结论和式（8.22）的数据速率公式，可以得到定理8.1数据速率的分析表达式。

定理8.1：在多小区非协作三维MIMO系统中，使用归一化MRT预编码时，小区l的用户接收数据速率为

$$\begin{aligned} R_l =& \sum_{m=1}^{\varpi(\boldsymbol{A}_l)} \sum_{n=1}^{\tau_m(\boldsymbol{A}_l)} \sum_{p=0}^{N-1} \frac{\chi_{mn}(\boldsymbol{A}_l)\mu_{\langle lm\rangle}^{-n}(-1)^{N-p}}{(n-1)!(N-p-1)\ln 2} \\ & \left[\mathrm{e}^{\frac{1}{\Omega_{ll}p_{\mathrm{d}}}} I_{n-1,N-p-1}\left(\frac{d_{ll}^{v}}{a(\varphi_{ll},\theta_{ll})},\frac{d_{ll}^{v}}{p_{\mathrm{d}}a(\varphi_{ll},\theta_{ll})},\frac{1}{\mu_{\langle lm\rangle}}-\frac{d_{ll}^{v}}{a(\varphi_{ll},\theta_{ll})}\right)\right. \\ & \left. -\sum_{q=0}^{N=p-1} \frac{(q-1)!(-1)^{q}p_{\mathrm{d}}^{-n}}{(a(\varphi_{ll},\theta_{ll})d_{ll}^{v})^{N-p-q-1}}\Gamma(n)\mathrm{U}(n,n+N-p-q),\frac{1}{\mu_{\langle lm\rangle}p_{\mathrm{d}}}\right] \end{aligned} \tag{8.23}$$

$$\begin{aligned} I_{m,n}(a,b,\alpha) =& \sum_{i=0}^{m}\binom{m}{i}(-b)^{m-i}\left[\sum_{q=0}^{n+i}\frac{(n+i)^{q}b^{n+i-q}}{\alpha^{q+1}a^{m-q}}\mathrm{Ei}(-b)\right. \\ & -\frac{(n+i)^{n+i}\mathrm{e}^{\alpha b/a}}{\alpha^{n+i+1}a^{m-n-i}}\mathrm{Ei}\left(\frac{\alpha b}{a}-b\right) \\ & \left.+\frac{\mathrm{e}^{-b}}{\alpha}\sum_{q=0}^{n+i-1}\sum_{j=0}^{n+i-q-1}\frac{j!(n+i)^{q}}{\alpha^{q}a^{m-q}(\alpha/(a+1))^{j+1}}\binom{n+i-q-1}{j}\right] \end{aligned} \tag{8.24}$$

式中，$(\cdot)!$ 表示数的阶乘；$\Gamma(\cdot)$ 为伽马函数（参考文献［12］中的式（8.310.1））；$\mathrm{U}(\cdot,\cdot)$为第二类合流超几何函数（参考文献［12］中的式（9.210.2））；$\mathrm{Ei}(\cdot)$ 为指数积分函数（参考文献［12］中的式（8.211.1））。

证明：证明参考文献［7］中的命题2，取$K=1$，并考虑路径损耗和三维天线辐射损耗。证明完毕。

由定理8.1给出的数据速率涉及多项级数、指数积分函数、合流超几何函数，因此，公式求解过于复杂。下面给出数据速率下界

$$\begin{aligned} R_l \geqslant& \log_2(1+p_{\mathrm{d}}a(\varphi_{ll},\theta_{ll})d_{ll}^{v}(\varphi(N) \\ & -p_{\mathrm{u}}\sum_{m=1}^{\varpi(\boldsymbol{A}_l)}\sum_{n=1}^{\tau_m(\boldsymbol{A})}\mu_{\langle lm\rangle}\chi_{mn}(\boldsymbol{A}_l)\,{}_3\mathrm{F}_1(n+1,1,1;2;-p_{\mathrm{d}}p_{\mathrm{d}}a(\varphi_{ll},\theta_{ll})d_{ll}^{v}))) \end{aligned} \tag{8.25}$$

证明：将式（8.18）代入式（8.22）可得

$$R_l = E\left[\log_2\left(1+\frac{p_{\mathrm{d}}X_l}{p_{\mathrm{d}}Z_l+1}\right)\right]$$

$$\begin{aligned}&\overset{(a)}{=}E\left[\log_2\left(1+p_{\mathrm{d}}\exp\left(\ln\left(\frac{X_l}{p_{\mathrm{d}}Z_l+1}\right)\right)\right)\right]\\&\overset{(b)}{=}\log_2\left(1+p_{\mathrm{d}}\exp\left(E\left[\ln\left(\frac{X_l}{p_{\mathrm{d}}Z_l+1}\right)\right]\right)\right)\\&\overset{(c)}{\geqslant}\log_2[1+p_{\mathrm{d}}\exp(E[\ln X_l]-E[\ln(p_{\mathrm{d}}Z_l+1)])]\end{aligned}\tag{8.26}$$

式中，(a) 利用指数函数和对数函数的关系 $x=\exp(\ln x)$；(b) 根据$\log_2(1+\exp(x))$ 为凸函数性质；(c) 利用分式对数性质。再根据期望定理和 X_l 与 Z_l 的 PDF，通过一些化简可得到式（8.25）的结论。证明完毕。

8.3.2 误符号率

在无线通信系统中，误符号率是通信系统中评估设计方案的重要参数。因此，本小节针对多小区非协作三维 MIMO 系统的归一化 MRT 预编码误符号率性能进行分析。为了使得本分析方案更具普适性，考虑多种调制方案（BPSK、M-ary PSK）的误符号率，则 l 小区用户的误符号率的通用表达式为

$$\mathrm{SER}_l=\mathrm{E}[\alpha_l\mathrm{Q}(\sqrt{2\beta_l\gamma_l})]\tag{8.27}$$

式中，Q(·) 为高斯 Q 函数；α_l 和β_l 分别为专用调制参数常量，当使用 BPSK 调制时，$\alpha_l=1$、$\beta_l=1$，而使用 M-ary PSK 调制时，$\alpha_{lk}=2$，$\beta_l=\sin(\pi/M)$。因此，根据上面的通用函数，误符号率的分析表达式将在定理 8.2 中给出。

定理 8.2：对于多小区非协作三维 MIMO 系统，使用归一化 MRT 预编码，l 小区用户的误符号率的分析表达式为

$$\begin{aligned}\mathrm{SER}_l=&\frac{\alpha_l}{2\sqrt{\pi}(N-1)!}\sum_{m=1}^{\varpi(\boldsymbol{A}_l)}\sum_{n=1}^{\tau_m(\boldsymbol{A}_l)}\sum_{p=0}^{n-1}\frac{\mathrm{e}^{1/p_{\mathrm{d}}\mu_{\langle lm\rangle}}\chi_{mn}(\boldsymbol{A}_l)}{(n-1)!}(p_{\mathrm{d}}\mu_{\langle lm\rangle})^{p-n+1}\\&\times\mathrm{G}_{32}^{13}\left[\frac{\mu_{\langle lm\rangle}d_{ll}^{v}}{\beta_l a(\varphi_{ll},\theta_{ll})}\middle|\begin{matrix}-p,1,1/2\\N,0\end{matrix}\right]\end{aligned}\tag{8.28}$$

式中，G[·] 为梅杰-G 函数（参考文献［12］中的式（9.301））。

证明：首先利用高斯 Q 函数与余误差函数的关系

$$\mathrm{Q}(x)=0.5\mathrm{erfc}\left(\frac{x}{\sqrt{2}}\right)\tag{8.29}$$

根据式（8.29）的结论，式（8.27）可以重新表述为

$$\mathrm{SER}_l=\frac{\alpha_l}{2}\mathrm{E}[\mathrm{erfc}(\sqrt{\beta_l\gamma_l})]\tag{8.30}$$

利用式（8.19）和式（8.20），结合期望定义，式（8.30）可以写成积分形式

$$\mathrm{SER}_l=\frac{\alpha_l}{2}\int_0^{\infty}\int_0^{\infty}\mathrm{erfc}\left(\sqrt{\frac{\beta_l p_{\mathrm{d}}x_l}{p_{\mathrm{d}}z_l+1}}\right)\frac{x_l^{N-1}\mathrm{e}^{-x_l/\Omega_{ll}}}{(N-1)!\,\Omega_{ll}^{N}}$$

$$\sum_{m=1}^{\varpi(A_l)}\sum_{n=1}^{\tau_m(A)}\chi_{mn}\frac{\mu_{\langle lm\rangle}^{-n}}{(n-1)!}z_l^{n-1}\mathrm{e}^{-z_l/\mu_{\langle lm\rangle}}\mathrm{d}x_l\mathrm{d}z_l \tag{8.31}$$

根据余误差函数与梅杰-G 函数关系

$$\mathrm{erfc}(\sqrt{x}) = \frac{1}{\sqrt{\pi}}\mathrm{G}_{12}^{20}\left[x\middle|\begin{matrix}1\\0,1/2\end{matrix}\right] \tag{8.32}$$

因此，式（8.31）可以重新写成以下积分形式：

$$\begin{aligned}\mathrm{SER}_l = &\frac{\alpha_l}{2\sqrt{\pi}\Omega_{ll}^N(N-1)!}\sum_{m=1}^{\varpi(A_l)}\sum_{n=1}^{\tau_m(A_l)}\frac{\chi_{mn}\mu_{\langle lm\rangle}^{-n}}{(n-1)!}\\ &\int_0^\infty\int_0^\infty \mathrm{G}_{12}^{20}\left[\frac{\beta_l p_\mathrm{d} x_l}{p_\mathrm{d} z_l+1}\middle|\begin{matrix}1\\0,1/2\end{matrix}\right]x_l^{N-1}\mathrm{e}^{-x_l/\Omega_{ll}}z_l^{n-1}\mathrm{e}^{-z_l/\mu_{\langle lm\rangle}}\mathrm{d}x_l\mathrm{d}z_l\end{aligned} \tag{8.33}$$

利用文献［12］中的式（7.821.3）

$$\int_0^\infty x^{-\rho}\mathrm{e}^{-\beta x}\mathrm{G}_{pq}^{mn}\left[\alpha x\middle|\begin{matrix}a_1,\cdots,a_p\\b_1,\cdots,b_q\end{matrix}\right]\mathrm{d}x = \beta^{\rho-1}\mathrm{G}_{p+1,q}^{m,n+1}\left[\frac{\alpha}{\beta}x\middle|\begin{matrix}\rho,a_1,\cdots,a_p\\b_1,\cdots,b_q\end{matrix}\right] \tag{8.34}$$

从而，式（8.33）的误符号率可以进一步化简为

$$\begin{aligned}\mathrm{SER}_l = &\frac{\alpha_l}{2\sqrt{\pi}(N-1)!}\sum_{m=1}^{\varpi(A_l)}\sum_{n=1}^{\tau_m(A_l)}\frac{\chi_{mn}\mu_{\langle lm\rangle}^{-n}}{(n-1)!}\\ &\int_0^\infty \mathrm{G}_{22}^{21}\left[\frac{\beta_l p_\mathrm{d}\Omega_{ll}}{p_\mathrm{d} z_l+1}\middle|\begin{matrix}1-N,1\\0,1/2\end{matrix}\right]z_l^{n-1}\mathrm{e}^{-z_l/\mu_{\langle lm\rangle}}\mathrm{d}z_l\end{aligned} \tag{8.35}$$

根据梅杰-G 函数性质，参考文献［12］中的式（9.31.2）

$$\mathrm{G}_{pq}^{mn}\left[x^{-1}\middle|\begin{matrix}\boldsymbol{a}_r\\\boldsymbol{b}_s\end{matrix}\right] = \mathrm{G}_{qp}^{nm}\left[x\middle|\begin{matrix}1-\boldsymbol{b}_s\\1-\boldsymbol{a}_r\end{matrix}\right] \tag{8.36}$$

则式（8.35）可以重新表述为

$$\begin{aligned}\mathrm{SER}_l = &\frac{\alpha_l}{2\sqrt{\pi}(N-1)!}\sum_{m=1}^{\varpi(A_l)}\sum_{n=1}^{\tau_m(A_l)}\frac{\chi_{mn}\mu_{\langle lm\rangle}^{-n}}{(n-1)!}\\ &\underbrace{\int_0^\infty \mathrm{G}_{22}^{21}\left[\frac{p_\mathrm{d} z+1}{\beta_l p_\mathrm{d}\Omega_{ll}}\middle|\begin{matrix}0,1/2\\1-N,1\end{matrix}\right]z^{n-1}\mathrm{e}^{-z/\mu_{\langle lm\rangle}}\mathrm{d}z}_{I}\end{aligned} \tag{8.37}$$

利用变量代换操作，式（8.37）的积分部分可以重新表述为

$$I = (\beta_l\Omega_{ll})^n\mathrm{e}^{1/p_\mathrm{d}\mu_{\langle lm\rangle}}\int_0^\infty(u-1/\beta_l\Omega_{ll}p_\mathrm{d})^{n-1}\mathrm{e}^{\beta_l\Omega_{ll}u/\mu_{\langle lm\rangle}}\mathrm{G}_{22}^{12}\left[u\middle|\begin{matrix}1,1/2\\N,0\end{matrix}\right]\mathrm{d}u \tag{8.38}$$

运用二项式定理将指数部分展开，并再次利用式（8.34），式（8.35）误符号率可被进一步化简为

$$\begin{aligned} \mathrm{SER}_l = & \frac{\alpha_l}{2\sqrt{\pi}(N-1)!}\sum_{m=1}^{\varpi(\boldsymbol{A}_l)}\sum_{n=1}^{\tau_m(\boldsymbol{A}_l)}\sum_{p=0}^{n-1}\binom{n-1}{p}\frac{\chi_{mn}(\boldsymbol{A}_l)\mathrm{e}^{1/p_\mathrm{d}\mu_{\langle lm\rangle}}}{(n-1)!} \\ & \times(p_\mathrm{d}\mu_{\langle lm\rangle})^{p-n+1}\mathrm{G}_{32}^{13}\left[\frac{\mu_{\langle lm\rangle}}{\beta_l\Omega_{ll}}\middle|\begin{matrix}1-n,N,0\\1,1/2\end{matrix}\right] \end{aligned} \tag{8.39}$$

利用式（8.4）和式（8.9），通过一些算术操作可得到定理8.2的结论。证明完毕。

推论8.1：在高SNR下的多小区非协作三维MIMO系统，使用归一化MRT预编码，l小区用户的平均符号错误概率为

$$\mathrm{SER}_l = \frac{\alpha_l}{2\sqrt{\pi}(N-1)!}\sum_{m=1}^{\varpi(\boldsymbol{A}_l)}\sum_{n=1}^{\tau_m(\boldsymbol{A}_l)}\frac{\chi_{mn}(\boldsymbol{A}_l)}{(n-1)!}\mathrm{G}_{32}^{13}\left[\frac{\mu_{\langle lm\rangle}d_{ll}^v}{\beta_l a(\varphi_{ll},\theta_{ll})}\middle|\begin{matrix}1-n,N,0\\1,1/2\end{matrix}\right] \tag{8.40}$$

证明：将式（8.18）分母中的1省略，其余证明过程与定理8.2类似，此处省略。证明完毕。

根据定理8.2可知，误符号率与三维MIMO衰落信道大尺度参数以及基站天线数有关，随着基站天线数、三维天线辐射增益的增加而减少，随着路径损耗的增加而增加。此外，误符号率还与调制模式有关，随着α_l的增大而增大。

8.3.3 中断概率

当考虑非各态历经信道（准静态或者块衰落信道）情况时，中断概率更能准确描述三维MIMO衰落信道性能。中断概率是指瞬时信干噪比小于等于某一特定阈值γ_{th}的概率。从数学的角度讲，可以表示为

$$P_{\mathrm{out},l} = \Pr(\gamma_l \leqslant \gamma_{\mathrm{th}}) \tag{8.41}$$

基于中断概率的定义，定理8.3中给出多小区非协作三维MIMO系统的中断概率分析表达式。

定理8.3：在多小区非协作三维MIMO系统中，使用归一化MRT预编码时，系统的中断概率性能分析表达式为

$$P_{\mathrm{out},l} = 1 - \mathrm{e}^{\frac{-\gamma_{\mathrm{th}}d_{ll}^v}{p_\mathrm{d}a(\varphi_{ll},\theta_{ll})}}\sum_{m=1}^{\varpi(\boldsymbol{A}_l)}\sum_{n=1}^{\tau_m(\boldsymbol{A}_l)}\sum_{p=0}^{N-1}\sum_{q=0}^{p}\frac{\chi_{mn}(\boldsymbol{A}_l)\Gamma(p+n)}{\mu_{\langle lm\rangle}^n(n-1)!p!p_\mathrm{d}^{p-q}}\left(\frac{\gamma_{\mathrm{th}}d_{ll}^v}{a(\varphi_{ll},\theta_{ll})}+\frac{1}{p_\mathrm{d}}\right)^{-q-n} \tag{8.42}$$

证明：根据式（8.19）和式（8.20）的PDF公式，可得组合PDF为

$$F_{X_l}(z) = 1 - \exp\left(\frac{-\gamma_{\mathrm{th}}(z+1/p_\mathrm{d})}{\Omega_{ll}}\right)\sum_{p=1}^{N-1}\frac{1}{p!}\left(\frac{\gamma_{\mathrm{th}}}{\Omega_{ll}}\right)^p(z+1/p_\mathrm{d})^p \tag{8.43}$$

将式（8.43）代入式（8.41），可得中断概率为

$$\begin{aligned} P_{\mathrm{out},l} & = \int_0^\infty F_{X_l}(z)p_{z_l}(z)\mathrm{d}z \\ & = 1 - \exp\left(\frac{-\gamma_{th}}{p_\mathrm{d}\Omega_{ll}}\right)\sum_{m=1}^{\varpi(\boldsymbol{A}_l)}\sum_{n=1}^{\tau_m(\boldsymbol{A}_l)}\sum_{p=0}^{N-1}\frac{\chi_{mn}(\boldsymbol{A}_l)\mu_{\langle lm\rangle}^{-n}}{p!(n-1)!}\left(\frac{\gamma_{\mathrm{th}}}{\Omega_{ll}}\right)^p \\ & \quad \times\int_0^\infty(z+1/p_\mathrm{d})^p z^{n-1}\exp\left(\left(\frac{\gamma_{\mathrm{th}}}{\Omega_{ll}}+\frac{1}{\mu_{\langle lm\rangle}}\right)z\right)\mathrm{d}z \end{aligned} \tag{8.44}$$

利用二项式定理和文献［12］中的式（3.326.2），可得

$$
\begin{aligned}
P_{\mathrm{out},l} = & 1 - \exp\left(\frac{-\gamma_{\mathrm{th}}}{p_{\mathrm{d}}\Omega_{ll}}\right)\sum_{m=1}^{\varpi(A_l)}\sum_{n=1}^{\tau_m(A_l)}\sum_{p=0}^{N-1}\sum_{q=0}^{p}\binom{p}{q} \\
& \times \frac{\chi_{mn}(\boldsymbol{A}_l)\mu_{\langle lm\rangle}^{-n}p_{\mathrm{d}}^{q-p}\Gamma(p+n)}{p!(n-1)!}\left(\frac{\gamma_{\mathrm{th}}}{\Omega_{ll}}\right)^{p}\left(\frac{\gamma_{\mathrm{th}}}{\Omega_{ll}}+\frac{1}{p_{\mathrm{d}}}\right)^{-(n+p)}
\end{aligned} \tag{8.45}
$$

结合式（8.4），通过一些化简可得定理8.3的结论。证明完毕。

定理8.3分析表明中断概率受发送端天线数目N、发射功率p_{d}、天线辐射损耗a的影响，同时还受SNR阈值影响。在其他条件固定不变的情况下，增加辐射功率或者三维天线辐射损耗，将会减小中断概率；然而，如果增加用户与基站端的收发距离，则中断概率将会增加。因此，可以调节基站的发射功率和三维天线辐射下倾角，减小中断概率，以提高小区边缘吞吐量。

8.4　大规模MIMO渐进性能

大规模MIMO技术能够提高系统容量和降低能量消耗而成为未来无线通信物理层关键技术。然而，对于多小区大规模MIMO系统，边缘小区用户由于路径损耗导致边缘小区用户性能很差，三维MIMO技术通过利用垂直波束辐射，有效地提高边缘小区用户性能。将大规模MIMO技术和三维MIMO技术结合，将是未来无线通信MIMO技术的重点。下面将研究多小区非协作三维MIMO系统MRT预编码的大规模MIMO渐进性能。

在大规模MIMO系统中，随着天线数的增加，用户间的信道矩阵向量相互正交，原本随机的向量将趋于确定。基于上述分析，结合式（8.2）与式（8.3），可得出下列关系式：

$$
\boldsymbol{G}_{li}\boldsymbol{G}_{lj}^{\mathrm{H}} = \boldsymbol{\Omega}_{li}^{1/2}(\boldsymbol{H}_{li}\boldsymbol{H}_{lj}^{\mathrm{H}})\boldsymbol{\Omega}_{lj}^{1/2} \tag{8.46}
$$

$$
\frac{1}{N}\boldsymbol{H}_{li}\boldsymbol{H}_{lj}^{\mathrm{H}} = \boldsymbol{I}_K\delta_{ij} \tag{8.47}
$$

式中，$\boldsymbol{I}_K$为$K\times K$单位矩阵；δ_{ij}为单位微函数，当$i=j$时，其值为1，当$i\neq j$时，其值为0。

根据式（8.10）、式（8.13）、式（8.16）、式（8.46）和式（8.47），可以得出基于MRT预编码（非归一化预编码）时，基站l的用户k瞬时信干噪比为

$$
\begin{aligned}
\mathrm{SINR}_{lk} &= \frac{p_{\mathrm{d}}\|[\boldsymbol{G}_{ll}]_k\boldsymbol{f}_{lk}\|^2}{p_{\mathrm{d}}\sum\limits_{m=1,m\neq k}^{K}\|[\boldsymbol{G}_{li}]_k\boldsymbol{f}_{lm}\|^2 + p_{\mathrm{d}}\sum\limits_{i=1,i\neq l}^{L}\|[\boldsymbol{G}_{li}]_k\boldsymbol{F}_{ii}\|^2+1} \\
&\overset{(\mathrm{a})}{=} \frac{p_{\mathrm{d}}N\|\boldsymbol{\Omega}_{llk}\|^2}{Np_{\mathrm{d}}\sum\limits_{i=1,i\neq l}^{L}\|\boldsymbol{\Omega}_{lik}\|^2+1} \\
&\overset{(\mathrm{b})}{=} \frac{\|\boldsymbol{\Omega}_{llk}\|^2}{\sum\limits_{i=1,i\neq l}^{L}\|\boldsymbol{\Omega}_{lik}\|^2}
\end{aligned} \tag{8.48}
$$

$$\overset{(c)}{=} \frac{(a(\varphi_{llk},\theta_{llk}))^2 d_{llk}^{-2v} \mathrm{e}^{(2\mu_{llk}/\eta+4\sigma_{llk}^2/2\eta^2)}}{\sum_{i=1,i\neq l}^{L} (a(\varphi_{lik},\theta_{lik}))^2 d_{lik}^{-2v} \mathrm{e}^{(2\mu_{lik}/\eta+4\sigma_{lik}^2/2\eta^2)}}$$

式中，（a）利用式（8.12）、式（8.46）以及式（8.47）；（b）利用分子分母同时除以 Np_{d}，并且 N 远远大于1；（c）由于使用式（8.4），并利用LN分布的性质

$$\mathrm{E}[\xi_{lik}^{r}] = \exp\left(\frac{r\mu_{lik}}{\eta} + \frac{r^2\sigma_{lik}^2}{2\eta^2}\right) \tag{8.49}$$

根据和速率公式可进一步得到系统 l 小区用户和速率为

$$R_l = \sum_{k=1}^{K} \log_2(1 + \mathrm{SINR}_{lk}) \tag{8.50}$$

根据上述分析可知，在多小区非协作大规模MIMO系统中，小尺度衰落的影响将被消除，性能的最终决定因素是大尺度衰落参数，其中包括期望和干扰的三维天线辐射损耗、收发端距离（路径损耗）以及阴影衰落。

8.5 仿真结果

本节通过仿真验证上述分析的正确性，考虑多小区非协作单用户三维MIMO场景。在本方案中，有 $L(L=3)$ 个小区，每个小区有1个基站，每个基站配有 N 个天线（N 大规模和非大规模均可），服务一个单天线用户。

在本节仿真中，假设阴影衰落为常量1。系统的参数设置见表8-1，其中三维MIMO参数参考3GPP协议标准。值得注意的是，为了验证三维MIMO和二维MIMO性能关系，假设两种情况下用户均在垂直波束辐射范围内。

表8-1　系统参数设置

参数名称	参数描述	参数值
L	小区数目	3
R_{cell}	小区半径	200m/50m
h_{BS}	基站高度	25m
h_{UT}	用户高度	1.5m
μ	阴影衰落均值	4dB
σ	阴影衰落标准差	2dB
v	路径损耗指数	4
A_{m}	三维天线最大辐射增益	30dB
$\varphi_{3\mathrm{dB}}$	水平3dB波瓣宽度	65°
$\theta_{3\mathrm{dB}}$	垂直3dB波瓣宽度	6.5°
$\mathrm{SLA_v}$	旁瓣损耗电平	30dB
φ^{orn}	初始固定方位角	0°，120°，240°

本场景考虑多小区非协作单用户三维MIMO系统，分析用户在中心和边缘两种情况下

系统的数据速率、误符号率以及中断概率性能。

首先，分析 SNR 与数据速率性能关系。本仿真假设用户在小区边缘，给出 3 种天线配置下的数据速率性能。

从图 8-2 仿真分析可知，数据速率随着 SNR 和天线数的增加而呈对数增加，在高 SNR 时增速趋于线性。在低 SNR 时，数据速率增加较快，随着 SNR 的增加数据速率增速逐渐趋于平稳。另外，随着天线数由 10 增加到 30，数据速率也随之增加。

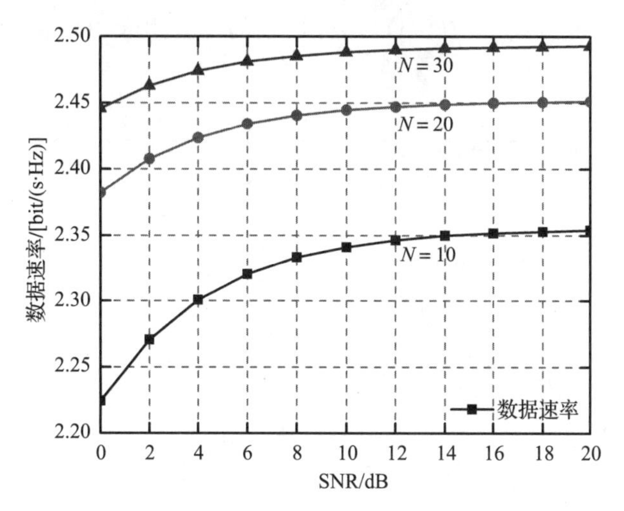

图 8-2　不同 SNR 下的数据速率性能

其次，分析小区边缘用户数据速率与基站下倾角关系。为了体现三维 MIMO 性能优势，本仿真还给出二维 MIMO 在不同基站下倾角的数据速率性能。

图 8-3 给出了不同下倾角与数据速率性能关系。仿真时假设基站天线数为 10（$N=10$）。

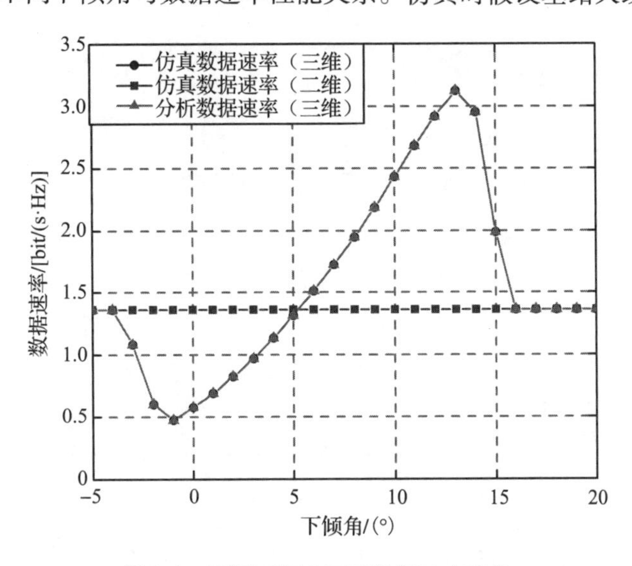

图 8-3　不同下倾角下的数据速率性能

由图 8-3 可知，在多小区非协作三维 MIMO 系统中，系统数据速率随着下倾角的增加先减小后增大，当下倾角为 $-1°$和$13°$时，分别达到最小值和最大值。这是因为当下倾角增大时，干扰信号功率和期望信号功率均增大，而干扰信号功率增速要快于期望信号，当达到 $-1°$时干扰功率达到最大，随着下倾角逐渐增加，期望信号越来越强，$13°$时达到最强。此外，二维 MIMO 在整个下倾角变化过程中数据速率不变。

再次，图 8-4 和图 8-5 给出 SNR 与符号错误概率的关系。本仿真考虑小区半径为 50m($R_{\text{cell}}=50\text{m}$) 和 200m($R_{\text{cell}}=200\text{m}$) 两种场景的小区边缘用户和小区中心用户误符号率性能，具体仿真参数设置如下。

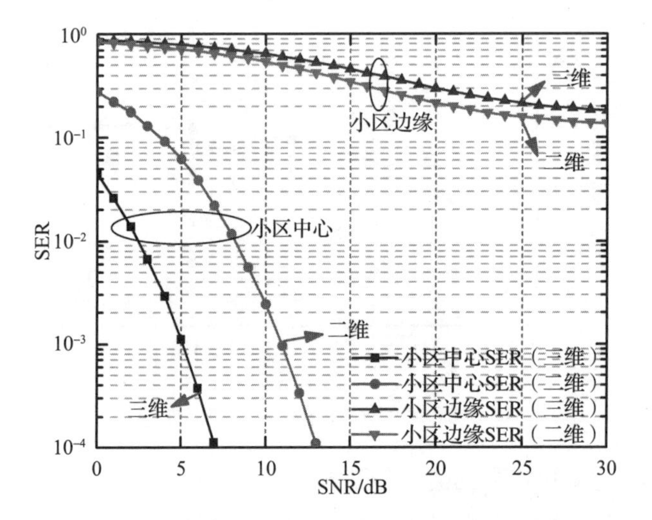

图 8-4　小区边缘和中心用户的误符号率关系（$R_{\text{cell}}=50\text{m}$）

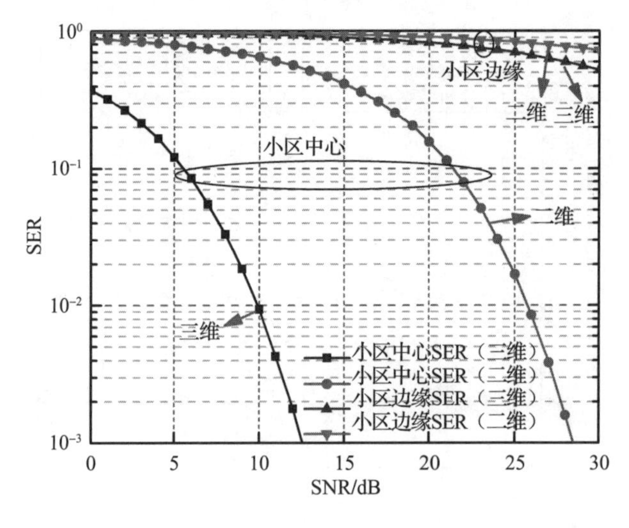

图 8-5　小区边缘和中心用户的误符号率关系（$R_{\text{cell}}=200\text{m}$）

1）小覆盖，小区半径为50m，用户到所在基站的距离为40m(小区边缘用户）和10m（小区中心用户），基站下倾角分别35°和60°。

2）大覆盖，小区半径为200m，用户到所在基站的距离为180m(小区边缘用户）和50m(小区中心用户)，基站下倾角为25°和15°。

由图8-4和图8-5可以发现，两种场景下小区中心用户性能三维MIMO要优于二维MIMO。然而，当用户在小区边缘时，小区半径为50m的三维MIMO误符号率性能次于二维MIMO误符号率性能，小区半径为200m的三维MIMO误符号率性能要优于二维MIMO误符号率性能。原因在于，半径较小时小区边缘用户干扰损耗大于三维天线辐射增益，而对于半径较大的小区，边缘用户路径损耗较大，从而有效地降低邻小区干扰。最后，由上图还可以得出半径越大，三维MIMO对于小区中心用户的性能增益越明显。因此，可以自适应调整基站下倾角和MIMO方式使系统性能达到最优。

最后，图8-6和图8-8给出不同小区半径SNR与中断概率关系。本仿真参数设置分别与图8-4和图8-5相同，不同处在于小覆盖时用户到本小区基站的距离为45m。图中实线为三维MIMO中断概率性能，虚线为二维MIMO中断概率性能。

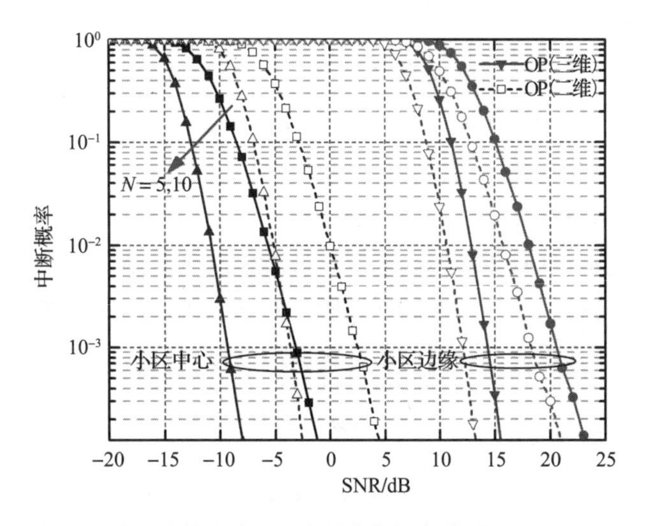

图8-6 小区边缘和中心用户的中断概率关系（$R_{cell}=50m$）

由图8-6和图8-7可以得到与图8-4和图8-5类似的结论。对于小覆盖边缘用户，相邻基站干扰大于本小区基站天线增益，因而小区半径为50m的边缘用户三维MIMO中断概率性能次于二维MIMO，而在半径为200m时则相反。此外，随着基站天线数的增加，三维MIMO和二维MIMO中断概率性能随之增强，并且三维MIMO和二维MIMO的中断概率性能差距逐渐增大。因此，在未来通信系统中可以自适应选择MIMO方式以增强系统性能。

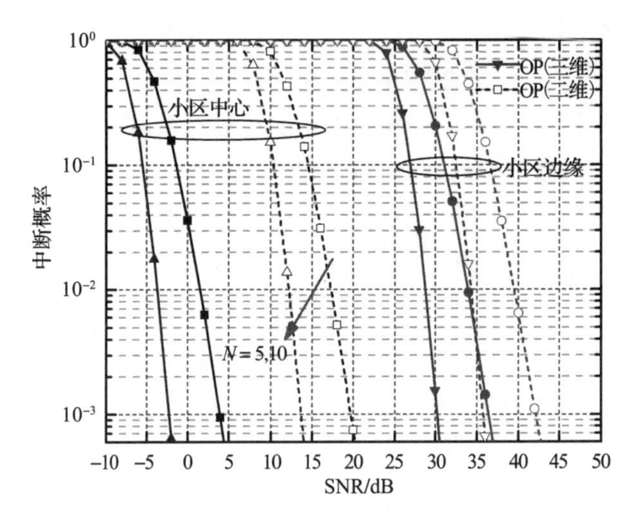

图 8-7 小区边缘和中心用户的中断概率关系（$R_{\text{cell}} = 200\text{m}$）

8.6 本章小结

本章研究了多小区非协作三维大规模 MIMO 中 MRT 预编码技术及性能。首先，提出下行多小区非协作单用户归一化 MRT 预编码的数据速率、误符号率以及中断概率的分析表达式。其次，给出基于 MRT 的大规模 MIMO 和速率渐进性能分析表达式。最后，针对多小区非协作三维 MIMO 的边缘小区用户和中心小区用户的干扰进行分析。分析表明，当小区半径较小时，使用三维 MIMO 技术边缘小区用户性能要次于二维 MIMO 技术，而小区半径较大时则相反；小区中心的用户三维 MIMO 性能要好于二维 MIMO 性能。这在实际应用中能给工程设计和算法实现提供参考，因此非常有实际意义。

参考文献

[1] Wenran Yin, Lihua Li, Xingwang Li, et al. Downlink Performance Analysis of Multicell Multiuser 3D MIMO System[J]. 978-1-4799-8091-8/15/$31.00 ©2015 IEEE, pp. 1-5, 2015.

[2] G Miao. Energy-Efficient Uplink Multiuser MIMO[J]. IEEE Trans. Wireless Commun., 2013, 5(12); 2302-2313. May 2013.

[3] D Lee. Performance Analysi of ZF-Precoded Scheduling System for MU-MIMO with Generalized Selection Criterion[J]. IEEE Trans. Wireless Commun., 2013, 4(12): 1812-1818.

[4] C-K Wen, S Jin, K.-K Wong. On the Sum-Rate of Multiuser MIMO Uplink Channels with Joint-Correlated Rician Fading[J]. IEEE Trans. Commun., 2011, 10(59): 2883-2895.

[5] D Gesbert, S V Hanly, H Huang, et al. Multi-cell MIMO cooperative networks: Anewlook at interference [J]. IEEE J. Sel. Areas Commun., 2010, 9(28): 1380-1408.

[6] C Lee, C B Chae, T Kim, et al. Network Massive MIMO for Cell-Boundary Users: From a Precoding Normalization Perspective[C]. in IEEE globecom Workshops (GC WKshps), Anaheim, 2012, 11: 233-237.

[7] H Q Ngo, M Matthaiou, T D Duong, et al. Uplink performance analysis of multicell MU-SIMO systems with ZF receivers[J]. IEEE Trans. Veh. Tech., 2013, 9(62): 4471-4483.

[8] D H Kim, D D Lee, H J Kim, et al. Capacity analysis of macro/microcellular CDMA with power ratio control and titled antenna[J]. IEEE Trans. Veh. Technol., 2000, 1(49) 34-42.

[9] X Li, L Li, L Xie. Achievable Sum Rate Analysis of ZF Receivers in 3D MIMO Systems[J]. KSII Trans. Int. Inf. Systems. 2014, 4(8): 1368-1389.

[10] A Muller, J Hoydis, R Couillet, et al. Optimal 3D Cell Planning: A Random Matrix Approach[C]. in IEEE Global Commun. Conf, Anaheim, CA, 2012, 9: 4512-4517.

[11] H Shin, M Z Win. MIMO Diversity in the Presence of Double Scattering[J]. IEEE Trans. Inf. Theory, 2008, 7(54): 2976-2996.

[12] I S Gradshteyn, I. M Ryzhik. Table of Integrals, Series, and Products[M]. 7th ed. SanDiego: Academic Press, 2007.

第 9 章

多小区协作大规模三维 MIMO 接收技术及性能

大规模 MIMO 由于能够提高系统容量、增强小区覆盖而受到极大关注。然而，Marzetta 指出，导频污染将是影响大规模 MIMO 性能的唯一因素，影响大规模 MIMO 的其他因素都可以通过相应技术进行消除[1]。因此，导频污染问题给大规模 MIMO 产业化进程提出了极大挑战。多小区协作和三维 MIMO 技术能够有效消除导频污染和提高小区边缘用户性能。鉴于此，本章针对多小区协作三维大规模 MIMO 场景，提出多小区协作三维 MIMO 和速率下界，所提和速率下界同时考虑多径衰落、阴影衰落、路径损耗、三维天线辐射损耗、发送端空间相关性以及高楼覆盖场景。基于所提和速率下界，对大规模 MIMO 渐进性能进行分析，并给出基站天线数目趋于无穷与收发天线数以固定比（基站天线数趋于无穷）的和速率渐进性能表达式。最后，在和速率最大的条件下，给出服务最佳用户数方案。

9.1 研究背景

当前 5G 移动通信虽然没有进入标准化，但是大规模 MIMO 技术由于能够显著提高频谱效率和降低功率消耗[2]，而被公认为是 5G 移动通信突破性关键技术之一[3]。然而，在接收或发送端部署大规模天线是一个巨大的挑战。此外，导频污染被认为是影响大规模 MIMO 系统性能的基本限制因素[1]。因此，三维 MIMO[4,5] 和协作[6,7] 技术作为最有前景的两个技术被引入大规模 MIMO 技术中用以增强小区边缘用户性能和消除导频污染。

当前，针对 MIMO 技术的研究主要集中在二维 MIMO 信道，二维 MIMO 仅仅考虑水平维度对系统性能的影响，而忽略垂直维度对系统性能的影响。然而，研究表明天线下倾角对系统性能的影响极大。因此，三维 MIMO 是一种能够提高边缘小区吞吐量、实现小区中心用户与小区边缘用户公平性极具潜力的无线通信技术[7]。三维 MIMO 的基本思想是基站附近的用户使用大的天线下倾角，小区边缘用户使用较小的下倾角。然而，研究指出三维 MIMO 技术加剧相邻小区边缘用户的干扰。为了解决这一问题，协作技术、中继以及用户侦探被认为是消除小区间干扰的有效技术。

多基站协作是指多小区基站联合处理接收信息，通常被称为 CoMP。基站协作由于能够提高系统容量受到广泛关注，研究表明，系统容量随着协作基站的数量增加呈线性增加。然而，大多数研究主要是考虑简单不相关的 MIMO 系统，并且最新的大规模 MIMO 和三维 MIMO 技术也没有涉及。在文献［8］中，提出一种基于 MMSE 接收检测和速率性能的确定性近似。然而，由于文献［8］的和速率渐进性分析表达式是一个确定量，阻碍进一步分析其性能。更重要的是，大规模 MIMO、三维 MIMO、发送端相关性、高楼覆盖都不曾考虑在内。

本章主要针对多小区协作三维大规模 MIMO 系统接收技术及性能进行分析。首先，基于引入高楼覆盖传播模型，提出一种基于 ZF 接收检测多小区协作和速率下界，所提和速率下界没有涉及复杂函数，可以快速高效地进行评估计算。基于所提和速率下界，研究了平均发射固定和总功率固定时三维大规模 MIMO 和速率渐进性能及其下界，所推导下界适用于任意数量的基站天线，并且在整个 SNR 和下倾角范围内能够充分逼近理论分析性能。此外，利用和速率及所提下界，给出和速率最大时最佳服务用户数方案。

9.2 系统模型

9.2.1 MIMO 信道衰落模型

本节考虑上行多小区协作三维大规模 MIMO 场景，如图 9-1 所示。系统中有 L 小区，每个小区分成三个扇区，每个扇区的基站天线数目为 N_r，同时服务 K 个用户，每个用户配有 N_t 根发射天线（$N_r \geqslant KN_t$）。假设 K_e 和 K_c 分别表示位于小区边缘和小区中心的用户数目，其中小区边缘的用户位于 F 层的楼宇内，小区中心用户均匀分布于楼宇外的其他区域，且满足 $K = K_e + K_c$。假设发送端未知 CSI，接收端具有完美的 CSI，所有用户的发射功率相等。则第 l 小区基站的接收信号向量为

$$\begin{aligned} \boldsymbol{y}_l = \sum_{i=1}^{L} \Bigg(& \sum_{k=1}^{K_e} \sqrt{a_{lik}\varphi_{lik}\xi_{lik}}\boldsymbol{v}_{lik}(\boldsymbol{R}_{lik})^{1/2}\boldsymbol{x}_{lik} \\ & + \sum_{k=k_e+1}^{K} \sqrt{a_{lik}\varphi_{lik}\xi_{lik}}\boldsymbol{v}_{lik}(\boldsymbol{R}_{lik})^{1/2}\boldsymbol{x}_{lik} \Bigg) + \boldsymbol{z}_l \end{aligned} \tag{9.1}$$

式中，$\boldsymbol{x}_{lik}$表示第 i 小区第 k 个用户的发射信号矢量，$k=1, \cdots, K$，$i=1, \cdots, L$，$l=1, \cdots, L$；$\boldsymbol{v}_{lik} \in \mathbb{C}^{N_r \times N_t}$为小尺度衰落信道矩阵，其元素为零均值单位方差独立同分布高斯随机变量，$\boldsymbol{v}_{lik} \sim \mathcal{CN}(\boldsymbol{0}, \boldsymbol{I}_{N_t})$；$\boldsymbol{R}_{lik}$是一个 $N_t \times N_t$ 的正定协方差矩阵；$\boldsymbol{z}_l$ 为零均值高斯白噪声，$\mathrm{E}[\boldsymbol{z}_l \boldsymbol{z}_l^{\mathrm{H}}] = \boldsymbol{I}_{N_r}$。值得注意的是，小尺度衰落的空间相关性仅仅发生在同一用户天线间，这是由于不同的用户位置在地理上是分开的；系数 a_{lik}表示第 l 个基站与第 i 个小区第 k 个用户间的天线辐射损耗；系数 φ_{lik}为路径损耗，包括 I2O 传播损耗与室外传播损耗，I2O 传播模型参考 3GPP 协议标准模型[9]，室外传播路径损耗模型是一种修正路径损耗模型，利用修正模型是由于为了避免基站与用户距离较小的极限情况，则 φ_{lik}的表达式为

$$\varphi_{lik} = \begin{cases} (1+d_{lik})^{-v}\varphi_{lik}^{\mathrm{tw}}\varphi_{lik}^{\mathrm{in}}, & 1 \leqslant k \leqslant k_e \\ (1+d_{lik})^{-v}, & k_e < k \leqslant K \end{cases} \tag{9.2}$$

式中，d_{lik}表示第 l 个基站与第 i 个小区第 k 个用户间的距离，单位为米（m）；v 为路径损耗指数，其定义为信号功率随距离衰落速度，其值为 3～4 时对应城市宏蜂窝环境，为 2～8 时对应城市微蜂窝环境；系数 $\varphi_{lik}^{\mathrm{tw}}$和 $\varphi_{lik}^{\mathrm{in}}$分别为墙壁穿透损耗和室内传播损耗，其参数值参考文献［9］；LN 衰落模型是常用的经典阴影衰落模型，被广泛应用于表征各种环境下

的 MIMO 衰落信道，本章的研究也是基于 LN 阴影衰落进行的。阴影衰落系数 ξ_{lik}的 PDF 为

$$p(\xi_{lik}) = \frac{\eta}{\sqrt{2\pi\sigma}}\exp\left[-\frac{(10\log_{10}(\xi_{lik}) - \mu_{lik})^2}{2\sigma_{lik}^2}\right], \quad \xi_{lik} \geqslant 0 \tag{9.3}$$

式中，η 为固定常量，$\eta = 10/\ln 10 = 4.3429$；$\mu_{lik}$和 σ_{lik}分别为随机变量 $10\log_{10}(\xi_{lik})$ 的均值和标准差，单位为分贝（dB）。

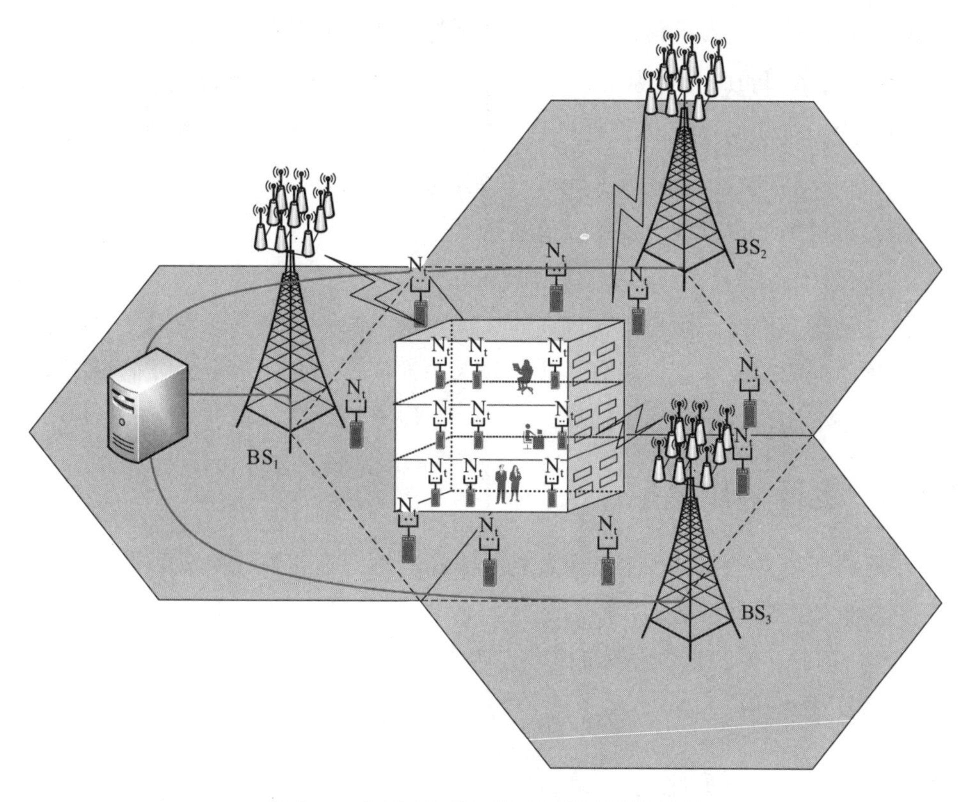

图 9-1 多小区协作三维大规模 MIMO 场景

注意所有用户分为两类：

1）小区边缘用户（下标值小于等于 K_e）分布于楼层内。

2）小区中心用户（下标值大于 K_e 小于等于 K）分布于小区的其他位置。

9.2.2 三维 MIMO 模型

三维天线辐射损耗模型参考 3GPP 标准[9]，3GPP 三维天线模型是一个简化模型，能够准确地预测信号传播环境[10]。本节中的三维模型与第 6、7 章的三维模型一致，如图 9-1 所示，其天线增益单位为 dB。天线增益分为水平天线增益和垂直天线增益，其中水平天线增益为

$$g_{lik}^{H}(\varphi_{lik}) = -\min\left[12\left(\frac{\varphi_{lik} - \varphi_l^{orn}}{W_h}\right)^2, A_m\right] \tag{9.4}$$

垂直天线增益为

$$g_{lik}^{\mathrm{V}}(\theta_{lik}) = -\min\left[12\left(\frac{\theta_{lik}-\beta_l^e-\beta_l^{\mathrm{m}}}{W_{\mathrm{v}}}\right)^2, \mathrm{SLA}_{\mathrm{v}}\right] \tag{9.5}$$

式中，系数 φ_{lik} 和 θ_{lik} 分别为第 i 小区第 k 用户与第 l 小区基站的连线与水平辐射主瓣和垂直辐射主瓣的夹角，其取值范围为 $-180°\leqslant\varphi_{lik}\leqslant180°$，$-90°\leqslant\theta_{lik}\leqslant90°$；$\varphi_l^{(\mathrm{orn})}$ 为第 l 个小区基站天线辐射主瓣的初始固定角；W_{h} 和 W_{v} 分别为水平和垂直半功率波瓣宽度；A_{m} 为水平前后比损耗电平；β_l^e 和 β_l^m 分别为第 l 个小区基站天线电子下倾角和机械下倾角，定义为低于水平面向下为正；$\mathrm{SLA}_{\mathrm{v}}$ 为旁瓣损耗电平。则组合三维天线辐射损耗为（单位为 dB）

$$g_{lik}(\varphi,\theta) = -\min\{-[g_{lik}^{\mathrm{H}}(\varphi)+g_{lik}^{\mathrm{V}}(\theta)], A_{\mathrm{m}}\} \tag{9.6}$$

进一步，可得到组合三维天线的数值表达式

$$a_{lik}(\varphi,\theta) = 10^{g_{lik}(\varphi,\theta)/10} \tag{9.7}$$

值得注意的是，机械下倾角是指天线的物理倾角，调整机械下倾角需要登上基站进行人工调整，这不但成高成本而且耗时，从而效率非常低。因此，本章研究假设固定机械下倾角情况下电子下倾角变化下系统的性能。

9.2.3 上行协作模型

在多小区协作场景中，协作基站通过光纤或高速电缆连接到中央处理器，基站接收到信息统一到中央处理器进行处理，然后分发到个基站。通过光纤连接，基站间能够共享数据信息和 CSI。因此，9.2.1 节的系统模型表达式可以表示为更紧凑的矩阵表达式

$$\boldsymbol{Y} = \sqrt{\frac{P}{LKN_{\mathrm{t}}}}\boldsymbol{GX}+\boldsymbol{Z} \tag{9.8}$$

式中，$\boldsymbol{Y}=[\boldsymbol{y}_1, \cdots, \boldsymbol{y}_L]^{\mathrm{T}}\in\mathbb{C}^{LN_{\mathrm{r}}\times1}$ 为 L 个基站天线接收到信号矢量，而其中的元素 $\boldsymbol{y}_i=[y_{i1}, \cdots, y_{iN_{\mathrm{r}}}]$ 为第 i 基站天线接收到的信号向量；$\boldsymbol{X}=[\boldsymbol{X}_1, \cdots, \boldsymbol{X}_L]^{\mathrm{T}}\in\mathbb{C}^{LKN_{\mathrm{t}}\times1}$ 为所有用户发射的信号矢量，$\boldsymbol{X}_i=[\boldsymbol{x}_{i1}, \cdots, \boldsymbol{x}_{iK}]$ 为第 i 个小区内 K 个用户发送的信号向量，$\boldsymbol{x}_{ik}=[x_{ik1}, \cdots, x_{ikN_{\mathrm{t}}}]$ 为第 i 小区第 k 用户发射的信号向量；$\boldsymbol{Z}=[\boldsymbol{z}_1, \cdots, \boldsymbol{z}_l]^{\mathrm{T}}$，$\boldsymbol{z}_i=[z_{i1}, \cdots, z_{iN_{\mathrm{r}}}]\in\mathbb{C}^{N_{\mathrm{r}}\times1}$ 为 AWGN。

信道矩阵 $\boldsymbol{G}\in\mathbb{C}^{LN_{\mathrm{r}}\times LKN_{\mathrm{t}}}$ 包括小尺度衰落和大尺度衰落，具体表达式为

$$\boldsymbol{G} = \boldsymbol{H\Omega}^{1/2} \tag{9.9}$$

式中，$\boldsymbol{H}\in\mathbb{C}^{LN_{\mathrm{r}}\times LKN_{\mathrm{t}}}$ 为小尺度衰落矩阵，包括多径衰落矩阵 $\boldsymbol{V}$ 和相关矩阵 $\boldsymbol{R}$，多径衰落矩阵的元素为零均单位方差的高斯随机变量，相关矩阵为正定相关协方差矩阵，具体可表示为

$$\begin{aligned}\boldsymbol{H} &= \boldsymbol{VR}^{1/2}\\ &= \boldsymbol{V}\left(\bigoplus_{l=1}^{L}\left(\bigoplus_{k=1}^{K}\boldsymbol{R}_{llk}\right)\right)^{1/2}\end{aligned} \tag{9.10}$$

式中，$\oplus$表示矩阵的直和。

大尺度衰落矩阵 $\boldsymbol{\Omega}$ 为对角矩阵，包括阴影衰落、路径损耗、墙壁穿透损耗以及 I2O 室内传播损耗，可表示为

$$\begin{aligned}\boldsymbol{\Omega} &= \bigoplus_{l=1}^{L}\left(\bigoplus_{l=1}^{K}\Omega_{llk}\right) = \bigoplus_{l=1}^{L}\left(\bigoplus_{l=1}^{K}\left(\varphi_{llk}\xi_{llk}a_{llk}\boldsymbol{I}_{N_t}\right)\right)\\&= \bigoplus_{l=1}^{L}\left(\bigoplus_{l=1}^{K}\left(\frac{\varphi_{llk}^{\text{twin}}\xi_{llk}a_{llk}}{(1+d_{llk})^{v}}\boldsymbol{I}_{N_t}\right)\right) = \text{diag}\left\{\frac{\widetilde{\varphi}_m^{\text{twin}}\widetilde{\xi}_m\widetilde{a}_m}{(1+\widetilde{d}_m)^{v}}\right\}_{m=1}^{LKN_t}\end{aligned} \tag{9.11}$$

$$\widetilde{\varphi}_{llk}^{\text{twin}} = \begin{cases}\varphi_{llk}^{\text{tw}}\varphi_{llk}^{\text{in}} & 1 \leqslant k \leqslant K_e\\ 1 & K_e < k \leqslant K\end{cases} \tag{9.12}$$

式中，$\widetilde{\varphi}_m^{\text{twin}}$、$\widetilde{\xi}_m$、$\widetilde{a}_m$ 分别为路径损耗、阴影衰落、天线辐射损耗，参数值是由式（9.2）、式（9.3）以及式（9.7）确定的。

本章研究多小区协作 ZF 接收检测三维 MIMO 和速率性能。为了便于分析，假设基站端具有完美 CSI，这在用户中低速率移动的情况下是可行的。CSI 的获取可以通过互易性（TDD 模式）或有限反馈（FDD 模式）。ZF 接收检测的表达式可表示为

$$\boldsymbol{T}^{\dagger} = \left(\frac{P}{LKN_t}\right)^{-1/2}(\boldsymbol{G}^{\text{H}}\boldsymbol{G})^{-1}\boldsymbol{G}^{\text{H}} \tag{9.13}$$

根据式（9.8）和式（9.13），可得第 m 输出的即时 SNR 为

$$\gamma_m = \frac{\gamma[\boldsymbol{\Omega}]_{mm}}{LKN_t[(\boldsymbol{H}^{\text{H}}\boldsymbol{H})^{-1}]_{mm}} \tag{9.14}$$

式中，$\gamma = P/N_0$ 定义为用户的发射功率与接收噪声之比；$[\cdot]_{mm}$为矩阵的第 m 个主对角线元素。因此，可达和速率可表示为

$$R^{\text{sum}} \stackrel{\text{def}}{=} \sum_{m=1}^{LKN_t}\text{E}[\log_2(1+\gamma_m)] \tag{9.15}$$

式中，$\text{E}[\cdot]$ 表示对随机变量矩阵 $\boldsymbol{H}$ 和 $\boldsymbol{\Omega}$ 的统计期望。值得注意的是，和速率 R^{sum}是由两部分贡献的：小区边缘用户小区中心用户。

显然，分析评估式（9.15）的主要挑战在于确定 SNRγ_m 的闭式表达式，γ_m 包含瑞利衰落、LN 阴影衰落以及发射端天线相关性。研究表明，瑞利/对数正态复合衰落的 PDF 不存在闭式解，并且 PDF 的计算涉及复杂函数。为了解决这个问题，本章利用 γ_m 的统计特性推导给出 ZF 接收检测三维 MIMO 和速率下界，所提下界便于进行大规模 MIMO 渐进性能分析。

本章主要研究不同参数对可达和速率以及下界的影响，参数包括基站天线数、用户数、用户天线数、楼宇位置以及天线参数。为了分析方便，假设用户位置信息（坐标）以及信道统计信息在接收端是已知的。这个假设在中低速移动是合理的，终端位置信息可以

通过全球定位信息（Global Positioning System，GPS）获得。

9.3 可达和速率下界

本节推导给出 ZF 接收检测三维 MIMO 和速率下界闭式表达式。为了便于推导，三维 MIMO 小尺度衰落信道矩阵 $\boldsymbol{H}^{\mathrm{H}}\boldsymbol{H}$ 在后面的推导中将用 $\boldsymbol{W}$ 代替（$\boldsymbol{W}\overset{\text{def}}{=}\boldsymbol{H}^{\mathrm{H}}\boldsymbol{H}$）。对于 RLN 复合衰落三维 MIMO 系统，ZF 接收检测和速率下界将由定理 9.1 给出。

定理 9.1：对于 RLN 复合衰落三维 MIMO 系统，当使用 ZF 接收检测时，三维 MIMO 系统和速率下界可表示为

$$R_L^{\text{sum}} \overset{\text{def}}{=} \sum_{m=1}^{LKN_\text{t}} \log_2\left(1+\frac{\gamma}{LKN_\text{t}}\frac{\widetilde{\varphi}_{m'}^{\text{twin}}\widetilde{a}_{m'}}{(1+\widetilde{d}_{m'})^{v}}\exp\left(\psi(L(N_\text{r}-KN_\text{t}))+\frac{\mu_{m'}}{\eta}-\ln\left[\left(\bigoplus_{m'=1}^{LK}\boldsymbol{R}_{m'}\right)^{-1}\right]_{mm}\right)\right) \tag{9.16}$$

式中，$m'=\lceil m/N_\text{t}\rceil$；$\psi(\cdot)$ 为欧拉双伽马函数。

证明：利用式（9.14）和式（9.15），则和速率可表示为

$$R_L^{\text{sum}} \overset{\text{def}}{=} \sum_{m=1}^{LKN_\text{t}} \mathrm{E}\left[\log_2\left(1+\frac{\gamma}{LKN_\text{t}}\frac{[\boldsymbol{\Omega}]_{mm}}{[\boldsymbol{W}^{-1}]_{mm}}\right)\right] \tag{9.17}$$

和

$$R_L^{\text{sum}} = \sum_{m=1}^{LKN_\text{t}} \mathrm{E}\left[\log_2\left(1+\frac{\gamma}{LKN_\text{t}}\exp(\ln([\boldsymbol{\Omega}]_{mm})+\ln(\det(\boldsymbol{W}))-\ln(\det(\boldsymbol{W}_{mm})))\right)\right] \tag{9.18}$$

式中，从式（9.17）到式（9.18）运用对数指数的等价转 $x=\exp(\ln(x))$ 和矩阵的重要性质

$$[\boldsymbol{W}^{-1}]_{mm} = \frac{\det(\boldsymbol{W}_{mm})}{\det(\boldsymbol{W})} = \frac{\det(\boldsymbol{H}_m^{\mathrm{H}}\boldsymbol{H}_m)}{\det(\boldsymbol{H}^{\mathrm{H}}H)} \tag{9.19}$$

式中，矩阵 $\boldsymbol{H}_k$ 为矩阵 $\boldsymbol{H}$ 除去第 k 列。然后利用杰森不等式，式（9.18）和速率下界可以被进一步表示为

$$R_L^{\text{sum}} = \sum_{m=1}^{LKN_\text{t}} \left[\log_2\left(1+\frac{\gamma}{LKN_\text{t}}\exp(\mathrm{E}[\ln([\boldsymbol{\Omega}]_{mm})]+\mathrm{E}[\ln(\det(\boldsymbol{W}))]-\mathrm{E}[\ln(\det(\boldsymbol{W}_{mm}))])\right)\right] \tag{9.20}$$

利用方阵行列式的性质 $\det(\boldsymbol{AB})=\det(\boldsymbol{A})\det(\boldsymbol{B})$，可以得到

$$\mathrm{E}[\log_2(\det(\boldsymbol{H}^{\mathrm{H}}\boldsymbol{H}))] = \mathrm{E}[\log_2(\det(\boldsymbol{V}^{\mathrm{H}}\boldsymbol{V}))]+\mathrm{E}[\log_2(\det(\boldsymbol{R}))] \tag{9.21}$$

同理，可以得到

$$\mathrm{E}[\log_2(\det(\boldsymbol{H}_m^{\mathrm{H}}\boldsymbol{H}))] = \mathrm{E}[\log_2(\det(\boldsymbol{V}_m^{\mathrm{H}}\boldsymbol{V}_m))] + \mathrm{E}[\log_2(\det(\boldsymbol{R}_m))] \tag{9.22}$$

对于多径衰落矩阵 $\boldsymbol{V}$，$\boldsymbol{V}^{\mathrm{H}}\boldsymbol{V} \sim W_{LKN_t}(LN_r, \boldsymbol{I})$ 是一个自由度为 LKN_t 方差为 $\boldsymbol{I}$ 的中心复 Wishart 矩阵，且满足 $LN_r \geqslant LKN_t$[12]

$$\mathrm{E}[\ln_2(\det(\boldsymbol{V}_m^{\mathrm{H}}\boldsymbol{V}_m))] = \sum_{m=0}^{LKN_t-1}\psi(LN_r - m) \tag{9.23}$$

对于阴影衰落，使用最常用的 LN 阴影衰落 $\xi_m \sim LN(\mu_m/\eta, \sigma_m^2/2\eta^2)$，根据 LN 的基本性质

$$\mathrm{E}[\ln\xi_m] = \frac{\mu_m}{\eta} \tag{9.24}$$

利用 $\boldsymbol{H}_m$ 的统计特性

$$\boldsymbol{H}_m \sim \mathcal{CN}(\boldsymbol{0}_{LN_r\times LKN_t}, \boldsymbol{I}_{LN_r} \otimes \boldsymbol{I}_{LKN_t-1}) \tag{9.25}$$

式中，$\otimes$为 Kronecker 乘积。

将式（9.11）、式（9.21）、式（9.22）、式（9.23）以及式（9.24）代入式（9.20），再利用式（9.25）中 $\boldsymbol{H}_m$ 的统计特性，通过简单的算术操作可以得到式（9.16）的结论。证明完毕。

推论 9.1： 对于不相关 RLN 复合衰落三维 MIMO 系统（$\boldsymbol{R} = \boldsymbol{I}_{LKN_t}$），使用 ZF 接收检测时，系统和速率下界可进一步表达为

$$R_L^{\mathrm{sum}} = N_t\sum_{m=1}^{LK}\log_2\left(1 + \frac{\gamma}{LKN_t}\frac{\widetilde{\varphi}_m^{\mathrm{twin}}\,\widetilde{a}_m}{(1+\widetilde{d}_m)^v}\exp\left(\psi(LN_r - LKN_t + 1) + \frac{\mu_m}{\eta}\right)\right) \tag{9.26}$$

证明： 令定理 9.1 中的式（9.16）中的 $\boldsymbol{R} = \boldsymbol{I}_{LKN_t}$，可以得到式（9.26）的结论。证明完毕。

由定理 9.1 和推论 9.1 可以看出和速率以及下界随着阴影衰落均值、天线水平与垂直辐射损耗、基站天线数单调增加，而随着用户与基站距离单调减小，这是由于随着距离的增加路径损耗也随着增加。此外，还可以发现增加用户数或者用户天线数对系统性能并不总是有益的。

9.4 渐进性能与最佳用户数方案

本节研究两个问题：一个是大规模 MIMO 和速率渐进性能；另一个是和速率最大化最佳服务用户数方案。

9.4.1 渐进性能分析

通过在基站端配置大规模天线阵列，可以有效地节省收发端发射功率，以提高能量效

率[13]，并且可以维持一个期望的QoS。本小节推导给出三维大规模MIMO和速率下界渐进性能。在进行大规模渐进性能分析时，主要考虑以下三种情况。

（1）假设小区数目L、发射功率P、用户数目K和用户天线数目N_t固定，令基站天线数目N_r趋于无穷。

（2）假设小区数目L、发射功率P和收发天线比固定κ，令基站天线数目N_r、用户数目K或者用户天线数目N_t趋于无穷。

（3）假设小区数目L、用户数目K或者收发天线数目比κ、发射总功率P固定，令基站天线数目N_r、用户数目P或者用户天线数目N_t趋于无穷。

首先，固定γ、L、N_t、K，令$N_r \to \infty$：直观地，当基站天线数趋于无穷，而其他参数保持不变时，三维MIMO系统基站端将获得更多的功率增益，因而和速率及其下界将随着基站天线的增加趋于无穷。和速率下界的渐进表达式将由推论9.2给出。

推论9.2：对于三维MIMO RLN复合衰落信道，使用ZF接收检测时，当基站天线数趋于无穷而其他参数保持不变时，和速率下界闭式表达式趋于

$$R_L^{\mathrm{sum}} \overset{N_r\to\infty}{=\!=\!=} \sum_{m=1}^{N_tLK} \log_2\left(1+\frac{\gamma\,\widetilde{\varphi}_m^{\mathrm{twin}}\,\widetilde{a}_m}{(1+\widetilde{d}_m)^{v}}\left(\frac{N_r}{KN_t}-1\right)\exp\left(\frac{\mu_m}{\eta}-\ln\left[\left(\bigoplus_{m'=1}^{LK}\boldsymbol{R}_{m'}\right)^{-1}\right]_{mm}\right)\right) \tag{9.27}$$

证明：利用欧拉双伽马函数的性质

$$\psi(x) \overset{x\to\infty}{\approx} \ln(x)+\frac{1}{x}+O\left(\frac{1}{x^2}\right) \tag{9.28}$$

将式（9.28）代入定理9.1，可进一步得到

$$\begin{aligned} R_L^{\mathrm{sum}} \approx \sum_{m=1}^{LKN_t} \log_2\Bigg(1+\frac{\gamma}{LKN_t}\frac{\widetilde{\varphi}_{m'}^{\mathrm{twin}}\,\widetilde{a}_{m'}}{(1+\widetilde{d}_{m'})^{v}}\exp\Bigg(\ln(L(N_r-KN_t)) \\ +\frac{1}{L(N_r-KN_t)}+\frac{\mu_{m'}}{\eta}-\ln\left[\left(\bigoplus_{m'=1}^{LK}\boldsymbol{R}_{m'}\right)^{-1}\right]_{mm}\Bigg)\Bigg) \end{aligned} \tag{9.29}$$

令N_r趋于无穷，式（9.29）可以重新表述为

$$\begin{aligned} R_L^{\mathrm{sum}} \approx \sum_{m=1}^{LKN_t} \log_2\Bigg(1+\frac{\gamma}{LKN_t}\frac{\widetilde{\varphi}_{m'}^{\mathrm{twin}}\,\widetilde{a}_{m'}}{(1+\widetilde{d}_{m'})^{v}}L(N_r-KN_t) \\ +\exp\left(\frac{\mu_{m'}}{\eta}-\ln\left[\left(\bigoplus_{m'=1}^{LK}\boldsymbol{R}_{m'}\right)^{-1}\right]_{mm}\right)\Bigg) \end{aligned} \tag{9.30}$$

通过简单的算术操作，可以得到式（9.27）的结论。证明完毕。

推论9.2揭示当基站天线数趋于无穷时，小尺度衰落和噪声的影响将被消除。此外，三维MIMO系统和速率下界随着基站天线数目的增加呈对数增加趋于无穷，随着收发距离和天线相关的增加而减小。

其次，固定γ、L、$\kappa=N_r/KN_t$，令$N_r\to\infty$：这是一个有意义的渐进方案，基站端和用户端的天线数都趋于无穷，然而两者具有一个固定的比例。这包含两种情况：一是K固

定，N_{r} 与 $N_{\mathrm{t}}\to\infty$；二是 N_{t} 固定，K 与 $N_{\mathrm{t}}\to\infty$。每个用户部署大量的天线不切实际。因此，本章只考虑情况二。

推论 9.3：对于三维 MIMO RLN 复合衰落信道，基站天线数与用户数以固定比例（$N_{\mathrm{r}}/KN_{\mathrm{t}}>1$）趋于无穷，和速率下界收敛于

$$R_L^{\mathrm{sum}} \overset{N_{\mathrm{r}},K\to\infty}{\approx} N_{\mathrm{t}}\sum_{m=1}^{LK}\log_2\left(1+\frac{\gamma(\kappa-1)\widetilde{\varphi}_m^{\mathrm{twin}}\widetilde{a}_m}{(1+\widetilde{d}_m)^{v}}+\exp\left(\frac{\mu_m}{\eta}-\ln\left[\left(\bigoplus_{m=1}^{LK}\boldsymbol{R}_m\right)^{-1}\right]_{mm}\right)\right) \tag{9.31}$$

证明：将式（9.28）所示双伽马函数性质代入到定理 9.1 中，通过简化操作可得

$$R_L^{\mathrm{sum}} \overset{N_{\mathrm{r}},K\to\infty}{\approx} N_{\mathrm{t}}\sum_{m=1}^{LK}\log_2\left(1+\frac{\gamma L(N_{\mathrm{r}}-KN_{\mathrm{t}})\widetilde{\varphi}_m^{\mathrm{twin}}\widetilde{a}_m}{LKN_{\mathrm{t}}(1+\widetilde{d}_m)^{v}}\exp\left(\frac{\mu_m}{\eta}-\ln\left[\left(\bigoplus_{m'=1}^{LK}\boldsymbol{R}_{m'}\right)\right]\right)\right) \tag{9.32}$$

将 $\kappa=N_{\mathrm{r}}/KN_{\mathrm{t}}$ 代入上述公式，可得到推论 9.3 结论。

$$R_L^{\mathrm{sum}} \overset{N_{\mathrm{r}},K\to\infty}{\approx} N_{\mathrm{t}}\sum_{m=1}^{LK}\log_2\left(1+\frac{\gamma(\kappa-1)\widetilde{\varphi}_m^{\mathrm{twin}}\widetilde{a}_m}{(1+\widetilde{d}_m)^{v}}\exp\left(\frac{\mu_m}{\eta}-\ln\left[\left(\bigoplus_{m'=1}^{LK}\boldsymbol{R}_{m'}\right)\right]\right)\right) \tag{9.33}$$

证明完毕。

根据推论 9.3 可以得出，渐进和速率下界随着单用户天线数线性增加，随着发射功率 γ 与收发天线比 κ 对数增加，而随着收发距离和天线相关性减小。上述推论还表明和速率下界是在 $\kappa>1$ 的条件下获得的。最后，当 κ 趋于无穷时，推论 9.3 的结论转化为推论 9.2 的结论。

最后，固定 L、N_{t}、$E_{\mathrm{u}}=\gamma N_{\mathrm{r}}$（$E_{\mathrm{u}}$ 为总发射功率），令 $N_{\mathrm{r}}\to\infty$：在本场景中，包含两种情况：一是固定 K，$N_{\mathrm{r}}\to\infty$；二是 $\kappa=N_{\mathrm{r}}/KN_{\mathrm{t}}$，$N_{\mathrm{r}}$，$K\to\infty$。对于情景一，有推论 9.4 的结论。对于情景二，有推论 9.5 的结论。

推论 9.4：对于三维 MIMO 瑞利/对数正态复合衰落信道，使用 ZF 接收检测时，固定 E_{u}、L、K、N_{t}，随着基站天线趋于无穷，和速率下界受限于

$$R_L^{\mathrm{sum}} \overset{N_{\mathrm{r}}\to\infty}{\approx} N_{\mathrm{t}}\sum_{m=1}^{LK}\log_2\left(1+\frac{E_{\mathrm{u}}\widetilde{\varphi}_m^{\mathrm{twin}}\widetilde{a}_m}{(1+\widetilde{d}_m)^{v}}\exp\left(\frac{\mu_m}{\eta}-\ln\left[\left(\bigoplus_{m=1}^{LK}\boldsymbol{R}_m\right)^{-1}\right]_{mm}\right)\right) \tag{9.34}$$

证明：将式（9.28）代入定理 9.1，则有

$$\begin{aligned}R_L^{\mathrm{sum}} \overset{N_{\mathrm{r}}\to\infty}{\approx} & N_{\mathrm{t}}\sum_{m=1}^{LK}\log_2\left(1+\frac{E_{\mathrm{u}}(N_{\mathrm{r}}-KN_{\mathrm{t}})\widetilde{\varphi}_m^{\mathrm{twin}}\widetilde{a}_m}{N_{\mathrm{r}}KN_{\mathrm{t}}(1+\widetilde{d}_m)^{v}}\right.\\ & \left.\times\exp\left(\frac{\mu_m}{\eta}-\ln\left[\left(\bigoplus_{m=1}^{LK}\boldsymbol{R}_m\right)^{-1}\right]_{mm}\right)\right)\end{aligned} \tag{9.35}$$

当基站天线数 N_{r} 远远大于用户天线数之和 KN_{t} 时，和速率下界可以进一步化简为

$$R_L^{\mathrm{sum}} \overset{N_{\mathrm{r}}\to\infty}{\approx} N_{\mathrm{t}}\sum_{m=1}^{LK}\log_2\left(1+\frac{E_{\mathrm{u}}\widetilde{\varphi}_m^{\mathrm{twin}}\widetilde{a}_m}{KN_{\mathrm{t}}(1+\widetilde{d}_m)^{v}}\exp\left(\frac{\mu_m}{\eta}-\ln\left[\left(\bigoplus_{m=1}^{LK}\boldsymbol{R}_m\right)^{-1}\right]_{mm}\right)\right) \tag{9.36}$$

证明完毕。

推论 9.5：在三维 MIMO 瑞利/对数正态复合衰落信道中，当小区数、发射总功率、单用户天线数以及收发天线比固定时，随着基站天线数趋于无穷，基于 ZF 接收三维 MIMO 和速率下界趋近于

$$R_L^{\text{sum}} \overset{N_r \to \infty}{\approx} N_t \sum_{m=1}^{LK} \log_2\left(1 + \frac{E_u(\kappa - 1)\,\widetilde{\varphi}_m^{\text{twin}}\,\widetilde{a}_m}{KN_t\,(1 + \widetilde{d}_m)^{\upsilon}} \exp\left(\frac{\mu_m}{\eta} - \ln\left[\left(\bigoplus_{m=1}^{LK} \boldsymbol{R}_m\right)^{-1}\right]_{mm}\right)\right) \tag{9.37}$$

证明：推论 9.5 的证明过程与推论 9.3 类似，具体证明过程参考推论 9.3 的证明。证明完毕。

推论 9.4 和推论 9.5 揭示通过基站部署大量天线 N_r，每个用户的发射功率可以降低为原来的 $1/N_r$ 而维持一个希望的 QoS。此外，还可以得出当 κ 无穷大时，推论 9.2 和推论 9.3 的结论将趋于一致。对于推论 9.4 和推论 9.5，当基站天线数趋于无穷时，和速率及其下界趋于确定常量。

9.4.2 最佳用户数方案

本小节研究和速率最大化最佳服务用户数方案。正如上一节所述，随着基站天线数趋于穷小尺度衰落的影响将被完全消除掉，但是阴影衰落、路径损耗以及天线增益的影响仍然存在。当小区服务更多用户时，产生的自由度就会减少，干扰将随之增加，从而造成性能降低，因此存在最佳服务用户数 K°。鉴于此，本节研究性能最优时服务的最佳用户数。

为了便于分析，考虑简单的方案，假设用户均匀分布于半径为 r_{building} 的圆上，并且 $\widetilde{\varphi}_m^{\text{twin}} = \varphi$、$\widetilde{\mu}_m = \mu$、$\widetilde{\sigma}_m = \sigma$、$\widetilde{a}_m = a$、$\widetilde{d}_m = d$，$m = 1, \cdots, LK$。所提方案虽然是简化方案，但是本方案可以简单扩展到一般情况。最佳用户数方案定义为在接收天线数固定时，和速率最大所服务的用户数。

基于上述假设，最佳用户数方案：求解最佳服务用户数 K，使得在固定接收天线情况下和速率最大

$$K^{\circ} = \underset{K}{\arg\max} LKN_t \log\left(1 + \frac{\gamma\varphi e^{\mu/\eta} a}{LKN_t\,(1 + d)^{\upsilon}} \exp(\psi(LN_r - LKN_t + 1))\right) \tag{9.38}$$

式中，K°为最佳服务用户数。为了解决式（9.38）的问题，通过定理 9.2 给出最佳用户方案。

定理 9.2：基于上述条件的假设，和速率最大的最佳服务用户数方案为

$$K^{\circ} = \begin{cases} \dfrac{N_r}{eN_t}, & \Delta = 1 \\[2ex] \dfrac{\Delta N_r}{N_t(\Delta - 1)(1 + (1/\mathrm{W}(x)))}, & \text{其他} \end{cases} \tag{9.39}$$

式中，$\Delta = \dfrac{\gamma\varphi a}{(1+d)^{\upsilon}} \exp\left(\dfrac{\mu}{\eta}\right)$；$x = \dfrac{(\Delta - 1)}{e}$；$\mathrm{W}(x)$ 为郎伯函数，定义为 $x = \mathrm{W}(x)e^{\mathrm{W}(x)}$。

证明： 基于上述假设和 $\Delta=1$，式（9.38）最佳用户数问题可以被重新表述为

$$K^{\circ}=\arg\max_{K} LKN_{\mathrm{t}}\log_2\left(1+\frac{\psi(LN_{\mathrm{r}}-LKN_{\mathrm{t}})}{LKN_{\mathrm{t}}}\right) \tag{9.40}$$

利用式（9.28），式（9.40）可以化简为

$$\begin{aligned}K^{\circ}&=\arg\max_{K} LKLN_{\mathrm{t}}\log_2\left(1+\frac{N_{\mathrm{r}}-KN_{\mathrm{t}}}{KN_{\mathrm{t}}}\right)\\&=\arg\max_{K} LKN_{\mathrm{t}}\log_2\left(\frac{N_{\mathrm{r}}}{KN_{\mathrm{t}}}\right)\end{aligned} \tag{9.41}$$

求解式（9.41）的最佳用户数 K°，需要验证函数关于 K 的凹凸性，即对式（9.41）求关于 K 的二阶导数

$$\frac{\partial^2 R_L^{\mathrm{sum}}}{\partial K^2}=-\frac{LN_{\mathrm{t}}}{K}<0 \tag{9.42}$$

根据式（9.42）可得式（9.41）关于 K 二阶导数一直为负，从而可知函数 R_L^{sum} 是关于用户数 K 的凹函数。因此，可以通过一阶导数为零求得最佳用户数

$$\frac{\partial R_L^{\mathrm{sum}}}{\partial K}=\frac{LN_{\mathrm{t}}\ln(N_{\mathrm{r}}/KN_{\mathrm{t}})-LN_{\mathrm{t}}}{\ln 2}$$

$$K^{\circ}=\frac{N_{\mathrm{r}}}{\mathrm{e}N_{\mathrm{t}}} \tag{9.43}$$

对于 $\Delta\neq1$ 的情况，通过化简式（9.38）可进一步表示为

$$K^{\circ}=\arg\max_{K} LN_{\mathrm{t}}K\log_2\left(1+\frac{\Delta(N_{\mathrm{r}}-KN_{\mathrm{t}})}{KN_{\mathrm{t}}}\right) \tag{9.44}$$

利用与 $\Delta=1$ 类似的方法验证式（9.44）关于 K 的凹凸性。首先求函数的二阶导数为

$$\frac{\partial^2 R_L^{\mathrm{sum}}}{\partial K^2}=-\frac{L\Delta^2N_{\mathrm{r}}^2N_{\mathrm{t}}}{K\left(KN_{\mathrm{t}}(1-\Delta)+\Delta N_{\mathrm{r}}\right)^2}\leqslant 0 \tag{9.45}$$

从式（9.45）可知式（9.44）关于 K 的二阶导数为负，因此和速率关于 K 为凹函数，从而可以通过一阶导数为零求得最佳用户数

$$\ln\left(\frac{KN_{\mathrm{t}}(1-\Delta)+\Delta N_{\mathrm{r}}}{\mathrm{e}KN_{\mathrm{t}}}\right)=\frac{KN_{\mathrm{t}}(\Delta-1)}{KN_{\mathrm{t}}(1-\Delta)+\Delta N_{\mathrm{r}}} \tag{9.46}$$

令 $W(K)=(KN_{\mathrm{t}}(\Delta-1))/(KN_{\mathrm{t}}(\Delta-1)+\Delta N_{\mathrm{r}})$，将郎伯函数 $W(K)$ 代入式（9.46），则上式可以重新表示为

$$W(K)\mathrm{e}^{W(K)}=K \tag{9.47}$$

根据郎伯函数的定义来求解最佳用户数 K°，通过化简可以得到 $\Delta\neq1$ 的结论。从而得到定理 9.2 的结论。证明完毕。

根据定理 9.2 可以得出以下结论：首先，三维 MIMO 性能随着基站天线数的增加而增加；

其次，最佳用户数随着单用户数天线增加而减少；再次，当 $\Delta=1$ 时，最佳用户数是固定的，只与基站天线数 N_r 和用户天线数 N_t 有关，而与系统其他参数无关；最后，当 $\Delta\neq1$，系统性能随着郎伯函数的增大而增大。因此，可以通过式（9.39）获得服务最佳用户数。

9.5 仿真结果

本节通过仿真验证 9.3 和 9.4 节理论分析的正确性。本仿真考虑一个 L 个小区协作的多小区三维大规模 MIMO 系统，如图 9-1 所示。假设基站高度为 h_{BS}，用户高度为 h_{UT}，基站与小区顶点之间的距离为 R_{cell}，边缘小区用户分布于 F 层的楼宇内，楼层简化为半径为 $r_{building}$ 的圆，楼层高度为 h_{floor}，小区中心用户均匀分布于小区的其他位置，所有基站的初始水平方位角正对楼层中心，下倾角低于水平面向下为正。值得注意的是，N_r 和 K 为对应每个扇区的值。仿真参数及其描述如表 9-1 所示

表 9-1　仿真参数设置

参数类型	参数描述	参数值
L	小区数	3
R_{cell}	扇区半径	50m
$r_{building}$	楼层半径	10m
h_{BS}	基站高度	30m
h_{UT}	用户高度	1.5m
h_{floor}	楼层高度	5m
μ	阴影衰落均值参数	4dB
σ	阴影衰落标准差参数	4dB
υ	路径损耗指数	4
F	楼层数	3
φ^{tw}	墙壁穿透损耗	0.01(−20dB)
φ^{in}	室内传播损耗	$0.5d_{2D\text{-}in}$
A_m	水平前后辐射比	30dB
φ_{3dB}	水平半功率波瓣宽度	70°
θ_{3dB}	垂直半功率波瓣宽度	7°
SLA_v	旁瓣损耗	30dB
φ^{orn}	初始固定方位角	0°，120°，−120°
$R_{e/c}$	边缘小区中心小区半径比	1/3
β^m	机械下倾角	0°

注：$d_{2D\text{-}in}$ 表示由墙壁到用户的最近直线距离，具体参考文献［9］。

首先，图 9-2 验证所提和速率下界在不同相关系数（$\rho=0$，0.5，0.8）下的逼近性能。本章中，相关模型使用的是指数相关模型。发送端相关矩阵的构造如下：

$$R=\mathrm{diag}\left\{\mathrm{diag}\left\{R_{ik}\right\}_{k=1}^{K}\right\}_{i=1}^{L} \tag{9.48}$$

式中，R_{ik}为第 i 小区第 k 个用户天线间的相关性。相关矩阵的元素符合通用的指数相关模型为

$$R_{ik}=\begin{cases}\rho^{|j-i|}, & i\leqslant j\\(\rho^{|j-i|})^{*}, & i>j\end{cases}\tag{9.49}$$

式中，$|\rho|<1$ 为单相关系数；$|\cdot|$为绝对值。研究表明，指数相关模型被广泛应用于富散射的无线通信环境。图 9-2 中的参数设置分别为 $N_{\mathrm{r}}=40$、$N_{\mathrm{t}}=2$、$K=18$、$\rho=0$，0.5，0.8。

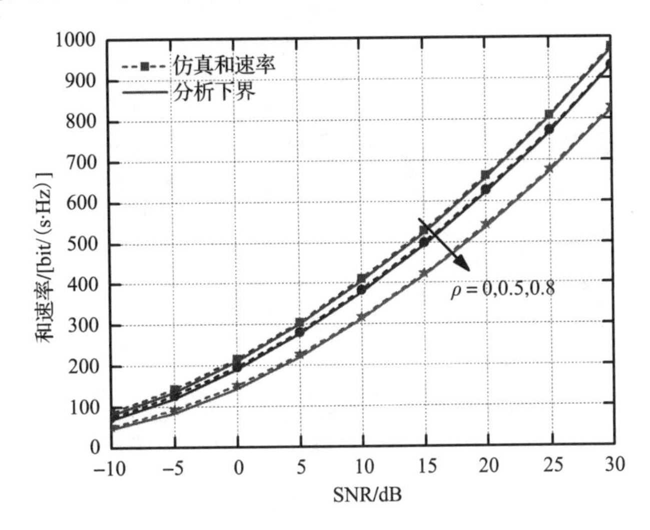

图 9-2　不同 SNR 和速率及下界

由图 9-2 可知，和速率及其下界随着 SNR 的增加而增加，在低 SNR 阶段，和速率以及下界随着 SNR 呈对数增加；在高 SNR 阶段，和速率以及下界随着 SNR 呈近似线性增加。此外，随着相关由 0 增加至 0.8，系统性能逐渐降低。另外，可以得出相关性对和速率性能以及下界的影响在低 SNR 时基本可以忽略，随着 SNR 的增加，相关性对系统影响逐渐增强。最后，图 9-2 表明在所有 SNR 和发射天线相关性下和速率下界（实线）充分逼近理论分析和速率（虚线）。

其次，分析不同天线下倾角下和速率及其下界性能。在进行分析时，同样考虑图 9-2 中给出的三种天线相关性（0，0.5，0.8）。仿真参数设置为 $\gamma=20\mathrm{dB}$、$N_{\mathrm{r}}=50$、$N_{\mathrm{t}}=2$、$K=18$。

由图 9-3 可以看出，和速率随着基站天线下倾角的增加而增加（到达临界角之前，约 21°），然后随着下倾角的增加而减少（达到最优下倾角之后）。此外，随着相关性的增加，系统性能逐渐降低。最后，还可以得出即使基站天线数不是很大，和速率下界（实线）也能充分逼近理论分析值（虚线）。

图 9-4 和图 9-5 给出在单天线功率固定和总功率固定时，三维大规模 MIMO 渐进和速率性能及其下界性能。仿真参数设置为：$\gamma=10\mathrm{dB}$（见图 9-4）、$\gamma=10/N\mathrm{dB}$（见图 9-5）、$K=9$、$N_{\mathrm{t}}=2$、$\rho=0$，0.5，0.8。由图 9-4 可以看出，渐进和速率及下界在所有相关系数下

随着基站天线的增加呈对数增加趋于无穷，并且随着发送端天线相关性的增加性能依次降低。图9-5所示渐进和速率及下界随着基站天线数的增加趋于确定常量，并且随着发送端天线相关性的增加性能也是依次降低。由图9-4和图9-5还可以看出，当基站天线数不是很大时，增加天线数，性能增加很快，随着天线数的增加二者性能增速都逐渐变慢。最后，在任意基站天线数目情况下，和速率下界（实线）都能充分逼近理论分析和速率（虚线）。

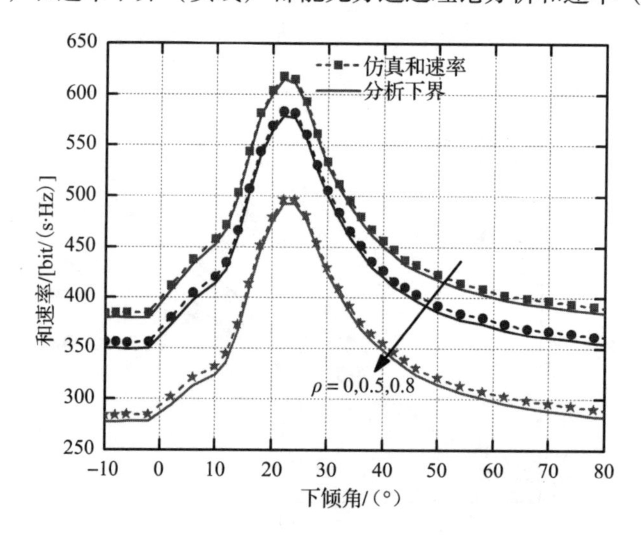

图9-3　不同下倾角和速率下界

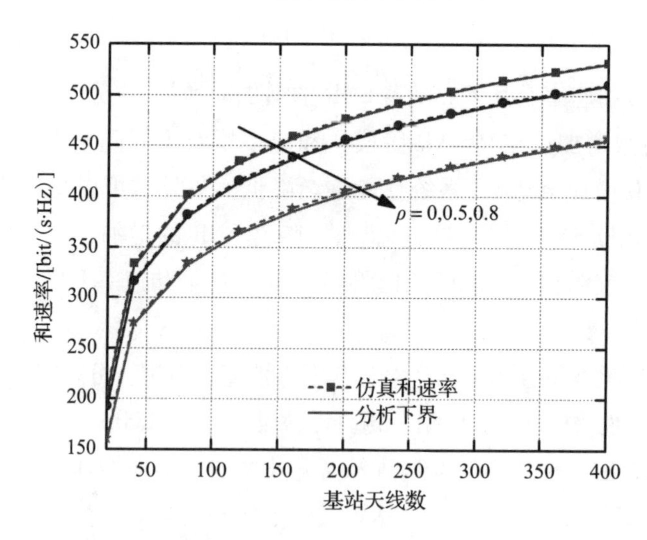

图9-4　基站天线数与和速率以及下界的关系（单天线功率固定）

最后，图9-6给出和速率最大的最佳用户数方案。由图9-6以及式（9.42）、式（9.45）可以表明，和速率关于用户数K是凹函数，因此存在最佳服务用户数时系统的和速率最大。图9-6给出式（9.39）所示的最佳用户数准确性与蒙特卡洛仿真的对比。仿真参数设置为$\gamma=0$，10，20dB、$N_{\mathrm{r}}=120$、$N_{\mathrm{t}}=1$，$\rho=0$。

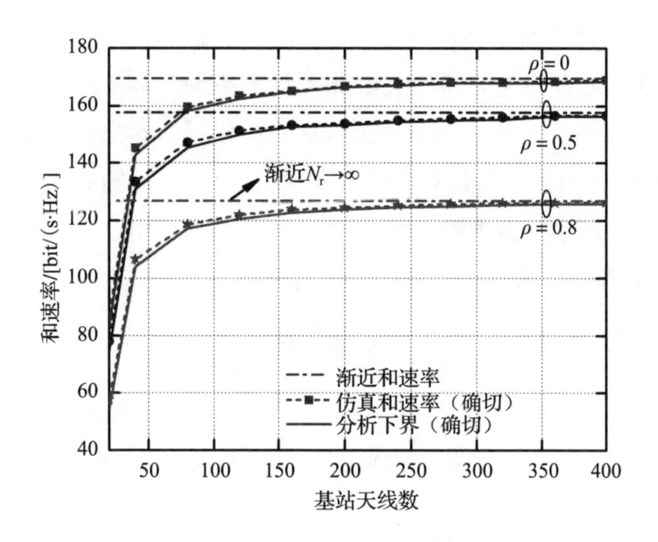

图 9-5　基站天线数与和速率以及下界的关系（总发射功率固定）

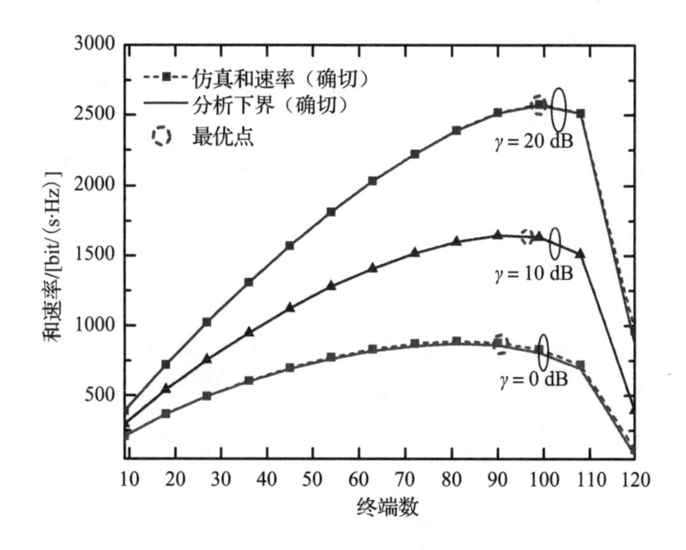

图 9-6　不同用户数和速率及下界性能

从图 9-6 可得，式（9.39）给出的和速率与蒙特卡洛仿真匹配充分准确。此外，和速率随着用户数的增加而增加达到最优值，然后随着用户的增加由于干扰增加自由度减少，因而和速率也随之减少。由图 9-6 还可以得出随着发射功率从 0～20dB，最佳用户数从 91 增至 98。因此，最佳用户数方案不仅与基站天线数有关还与用户数的发射功率有关。

9.6　本章小结

本章研究了多小区协作三维大规模 MIMO 的和速率性能。首先，提出一个基于 ZF 接收检测三维 MIMO 和速率下界，所提和速率下界同时考虑大尺度衰落、阴影衰落、三维天线辐射损耗、I2O 传播损耗以及发送端天线相关性的影响。基于所提和速率下界，进行大规模 MIMO 渐进性能分析。最后，当基站天线数目一定时，给出和速率最大，最佳服务用户数方案。本方案表明最佳用户数不仅与基站天线数有关，还随着用户发射功率的增加而增加。本章所给最佳用户数方案便于理论推导。这在实际应用中能给网络规划和建设提供参考，因此是非常有实际意义。

参考文献

[1] Xingwang Li, Lihua Li, Ling Xie, et al. Performance Analysis of 3D Massive MIMO Cellular Systems with Collaborative Base Station[J]. International Journal of Antennas and Propagation Volume 2014, 2014: 1-12.

[2] F Rusek, D Persson, B K Lauetal. Scalingup MIMO: opportunities and challenges with very large arrays [J]. IEEE Signal Process. Mag., 2013,1(30): 40-60.

[3] F Boccardi, R W Heath, A Lozano, et al. Five disruptive technology directions for 5G[J]. IEEE Commun. Mag., 2014, 2(52):74-80.

[4] X W Li, L H Li, L Xie. Achievable sum rate analysis of ZF receivers in 3D MIMO systems[J]. KSII Trans. Int and Inf. Systems, 2014,4(8): 1368-1389.

[5] W D Zhang, Y Wang. Interference coordination with vertical beamforming in 3D MIMO-OFDMA networks [J]. IEEE Commun. Lett., 2013,1(18): 34-37.

[6] D Gesbert, S Hanly, H Huang, et al. Multi-cell MIMO cooperative networks: a new look at interference [J]. IEEE J. Sel. Areas Commun, 2010,9(28): 1380-1408.

[7] X Lu, A Tolli, O Piirainen, et al. Comparison of antenna arrays in a 3-D multiuser multicell network[C]. in Proceedings of the IEEE Int. Conf. Commun. (ICC'11), 2011.

[8] A Muller, J Hoydis, R Couillet, et al. Optimal 3D cell planning: a random matrix approach[C]. in Proc. IEEE Global Commun. Conf. (GLOBECOM'12), Anaheim, 2012:4512-4517.

[9] 3GPP TR 36.873 V1.0.0. 3D Channel Model for LTE[S]. 2013.

[10] T G Vasiliadis, A G Dimitriou, G D Sergiadis. A novel technique for the approximation of 3-D antenna radiation patterns[J]. IEEE Trans. on Antennas and Propag., 2005, 7(53): 2212-2219.

[11] D A Gore, R W Heath Jr., A J Paulraj. Transmit selection in spatial multiplexing systems[J]. IEEE Commun. Lett., 2002, 11(6): 491-493.

[12] A M Tulino, S Verdu. Random Matrix Theory and Wireless Communications[M]. Hanover: Now Publishers, 2004.

[13] J Hoydis, S Ten Brink, M Debbah. Massive MIMO in the UL/DL of Cellular Network: How Many Antennas Do We Need? [J]. IEEE J. Sel. Areas Commun., 2013, 2(31): 160-171.

附　录

附录 A　缩略语对照表

2D	Two-Dimensional	二维
3D	Three-Dimensional	三维
3G	3rd Generation	第三代（移动通信系统）
4G	4th Generation	第四代（移动通信系统）
5G	5th Generation	第五代（移动通信系统）
3GPP	The 3rd Generation Partnership Project	第三代合作伙伴项目
AF	Amount of Fading	衰落量
ASR	Achievable Sum Rate	可达和速率
AoD	Averageoutage Duration	平均衰落
BER	Bit Error Rate	误比特率
BPSK	Binary Phase Shift Keying	二进制相移键控
BS	Base Station	基站
CCI	Co-Channel Interference	同道干扰
CDF	Cumulative Distribution Function	累积分布函数
CoMP	Coordinated Multipoint	多点协作
CSI	Channel State Information	信道状态信息
D2D	Device-to-Device	设备到设备
D-MIMO	Distributed MIMO	分布式多输入多输出
FCC	Federal Communications Commission	美国联邦通讯委员会
FDD	Frequency Division Duplexing	频分双工
GPS	Global Positioning System	全球定位系统
HSDPA	High Speed Downlink Packet Access	高速下行分组接入
IA	Interference Alignment	干扰对齐
IEEE	Institute of Electrical and Electronics Engineers	电气电子工程师学会
ITU	International Telecommunication Union	国际电信联盟
LoS	Line-of-Sight	视距
LSMS	Large-Scale MIMO Systems	大规模多输入多输出系统
LTE	Long Term Evolution	长期演进
LTE-A	Long Term Evolution Advanced	增强型长期演进
MAC	Multiple Access Layer	多址接入层
MISO	Multiple-Input Single-Output	多输入单输出
MIMO	Multiple-Input Multi-Output	多输入多输出
MMSE	Minimum Mean Square Error	最小均方误差
MRC	Maximum Ratio Combining	最大比合并
MRT	Maximum Ratio Transmission	最大比发送
MTC	Machine Type Communication	机器通信

NOMA	Non-Orthogonal Multiple Access	非正交多址接入
OFDM	Orthogonal Frequency Division Multiplexing	正交频分复用
OP	Outage Probability	中断概率
PDF	Probability Density Function	概率密度函数
PSK	Phase Shift Keying	移相键控
QAM	Quadrature Amplitude Modulation	正交幅度调制
QoS	Quality of Service	服务质量
RAP	Radio Access Port	无线接入端口
SCN	Small Cell Network	小小区网络
SEP	Symbol Error Probability	误符号率
SER	Symbols Erro Rate	误符号率
SIMO	Single-Iput Multiple-Output	单输入多输出
SINR	Signal-to-noise Plus Interference Ratio	信干噪比
SNR	Signal-to-Noise Ratio	信噪比
SON	Self-Organizing Network	自组织网络
TDD	Time Division Duplexing	时分双工
UDN	Ultra-Dense Network	超密集网络
UMTS	Universal Mobile Telecommunications System	通用移动通信系统
UT	User Terminal	用户终端
Wi-Fi	Wireless-Fidelity	无线保真
WiMAX	Worldwide Interoperability for Microwave Access	全球微波接入互操作性
WLAN	Wireless Local Area Network	无线局域网
ZF	Zero-Forcing	迫零

附录 B　数学符号表

$\stackrel{\text{def}}{=}$	变量定义	$\mathrm{E}\{\cdot\}$	期望算子
$\mathrm{Var}\{\cdot\}$	方差算子	$\prec$	超优于
$\otimes$	克罗内克积	$\odot$	哈达马（元素）积
$\mathbb{R}$	实数集	$\mathbb{C}$	复数集
a	标量	$\boldsymbol{a}$	向量/矢量
$\mathcal{CN}(\mu, \sigma^2)$	均值为μ，方差为σ^2的复高斯分布	$\mathcal{G}(\alpha, \beta)$	形状和尺度参数为α和β的伽马分布函数
$\boldsymbol{A}$	矩阵	$\boldsymbol{A}^{\mathrm{T}}$	矩阵$\boldsymbol{A}$的转置
$\boldsymbol{A}^*$	矩阵$\boldsymbol{A}$的共轭	$\boldsymbol{A}^{\mathrm{H}}$	矩阵$\boldsymbol{A}$的共轭转置
$\boldsymbol{A}^{-1}$	方阵$\boldsymbol{A}$的逆	$\det \boldsymbol{A}$	方阵$\boldsymbol{A}$的行列式
$\mathrm{tr}\,\boldsymbol{A}$	方阵$\boldsymbol{A}$的迹	$\mathrm{diag}\{a_1, \cdots, a_n\}$	$n \times n$维对角矩阵
$\boldsymbol{0}_{m \times n}$	$m \times n$维全0矩阵	$\boldsymbol{I}_{m \times m}$	$m \times m$维单位矩阵

$\lceil x \rceil$	对 x 向上取整运算	$Q(x) = \frac{1}{\sqrt{2\pi}}\int_x^{\infty} e^{-t^2/2} dt$	Q 函数
$\Gamma(x) = \int_0^{\infty} u^{x-1} e^{-u} du$	Γ（伽马）函数	$p_x(x)$	随机变量 x 的 PDF
$M_s(x) = E[e^{sx}]$	随机变量的矩量母函数	$\mathrm{erfc}x = \frac{2}{\sqrt{\pi}}\int_x^{\infty} e^{-t^2} dt$	余误差函数
${}_1F_1(\cdot)$	Kummar 汇流超几何函数	${}_2F_1(\cdot)$	高斯超几何函数
${}_pF_q(\cdot)$	通用超几何函数	$K_v(\cdot)$	v 阶修正贝塞尔函数
$G_{pq}^{mn}[\cdot]$	梅杰-G 函数